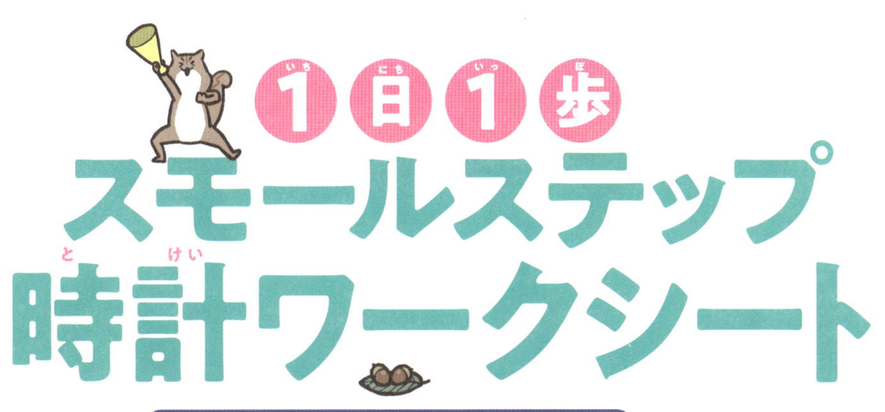

1日1歩 スモールステップ時計ワークシート

何時何分かすぐ読める時計シートつき！

筑波大学附属　大塚特別支援学校支援部教諭
佐藤義竹【著】

合同出版

もくじ

大人の方へ

時計の意味がわかり、時計を活用できることは、とても重要なことです。

「好きなテレビ番組が〇時△分にはじまるから、それまでに支度を済ませよう」とか「あと20分で到着するよ」など、私たちはさまざまな機会に時計、時間というものさしを使って生活しています。他者と一緒に生活するための共通の基準と言ってもよいかもしれません。

はじめて時計のことを教えてもらったときのことを思い出してください。

「短い針が〇の数字、長い針が〇の数字だから、何時何分だよ」と、「長い・短い」という言葉と1から12まで、1から60までの数字を教えてもらったと思います。

そのことと同時に、今・このときを位置づける「時刻」、過去・現在・未来という「時間」の概念を身につけていったのだと思います。

さて、時計のしくみを理解し、日常生活で使っていくためには、たくさんのことを知る必要があります。

①1から12までの大きな目盛の数字の意味。

②1から60（0）の小さな目盛の数字の意味。

③短針は時、長針は分を示すこと。

④短針は大きい数字、長針は目盛から時・分を読むこと（この他、秒針の読み方も必要になります）。

このように時計を読むためには、たくさんの知識が必要になります。

時計の学習をはじめたものの、「もうイヤだ」「わからない」と自信をなくし、時計に苦手意識をもってしまう子どもたちがいるのも無理からぬことかもしれません。

時計の学習を進めるポイントは「わかる」「できた」という実感を積み重ねていくことです。はじめは苦手意識があっても、「わかった」という達成感が支えになり、時計の学習と向き合えるようになります。

時計の学習のどの部分にわからなさを感じ、つまずくのかは子どもによってそれぞれです。ポイントはスモールステップで学習を進めることです。

佐藤義竹

このワークで大切にしている3つのこと

①スモールステップで学習します

このワークはスモールステップで時計の学習を進めることができるように構成されています。段階的に学習を進めることで、「わかる」「できた」という達成感を感じ、「つぎもがんばれそう」と学習を継続できるように課題を配置しています。

②時計の読み方と問題で構成されています

このワークブックは「手立て」と「問題」で構成されています。

- 「手立て」（時計の読み方）のページは、時計に関する知識を段階的に整理して学習できるように配慮しました。一度にたくさんの情報を提示されると、子どもたちは混乱してしまいます。１つずつ確認しながら進めることができます。
- 「問題」（時計の問題）の１ページは、すべて４問になっています。苦手なことを学ぶのは負担感が大きいものです。４問と少なくすることで、子どもの負担感を減らし、「もうできちゃった」「もう１枚チャレンジしてみようかな」という気持ちが生まれることを期待しています。

③自分で評価できます

「もうすこし・できた・ばっちり」の３段階評価で学びを振り返る欄を設けました。先生や家庭で採点した上で、子どもに自己評価することを促してください。大切なことは自分を肯定的に評価できることです。「よくできた」「前よりもできるようになった」と自分を肯定的に受け止める機会をたくさん積み重ねてください。もし「もうすこし」と自己評価したときには、「どの部分がむずかしかったかな」などと確認してください。つまずきを確認することで、しっかりとした理解につながります。

時計の 読み方
から 始めよう！

時計 の 読み方 ①

1.「短い針」 は どれかな？ 指さしてみよう。

ポイント

短い針 は ◯時 を さす。
◯がついた 赤い 大きい数字 が ◯時 をさす。

2.「長い針」 は どれかな？ 指さしてみよう。

ポイント

長い 針の目盛りは 0から59 まで ある。
青い 小さい数字 が ◯分 をさす。

時計の読み方 ②

「短い針」は　どこを　さす？

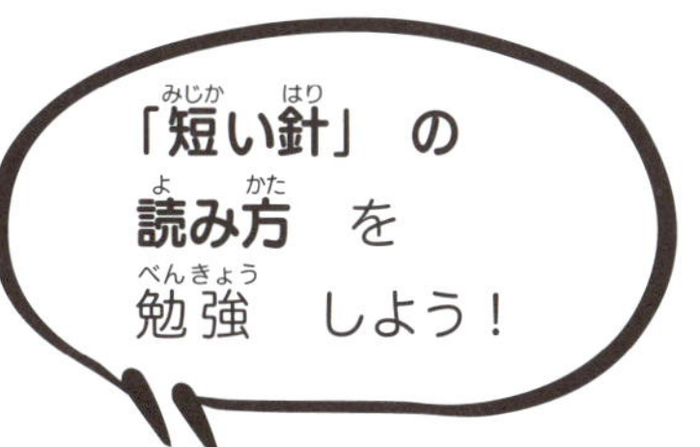

「短い針」は　6の
上にないな～。
5と6　の　間だ。
ということは、[　]時だ！

時計 の 読み方 ③

「長い針」 は どこを さす？

「長い針」 は 青い 数字 を
見るんだよね！

時計　の　読み方　④

「長い針」　を　読んでみよう。

「長い針」は
どれかな？

1.「長い針」　の先　を　囲んでみよう。

2.「何時　何分」　かな？

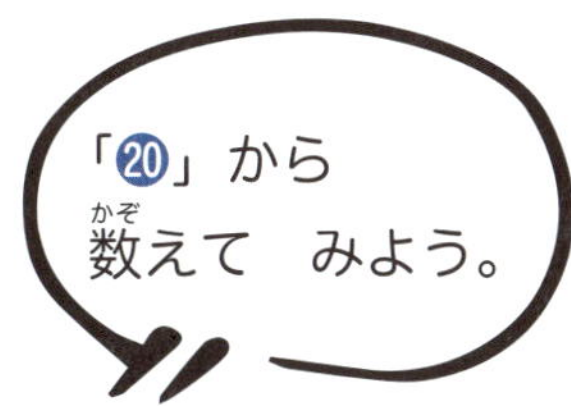
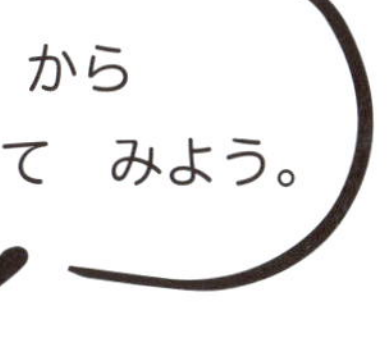

（　　　）時　（　　　）分

時計（とけい）の 読（よ）み方（かた） ⑤

「長（なが）い針（はり）」は どこを さしているかな？

「○」のところに 数字（すうじ） を 書（か）いてみよう。

時計の読み方 ⑥

「長い針」は　どこを　さしているかな？

「○」のところに　数字　を　書いてみよう。

時計　の　読み方　⑦

正しいのは　どっち？　○を　つけよう。

1. 何時　を　表すのは　どっちの針？

□ ①「短い針」

□ ②「長い針」

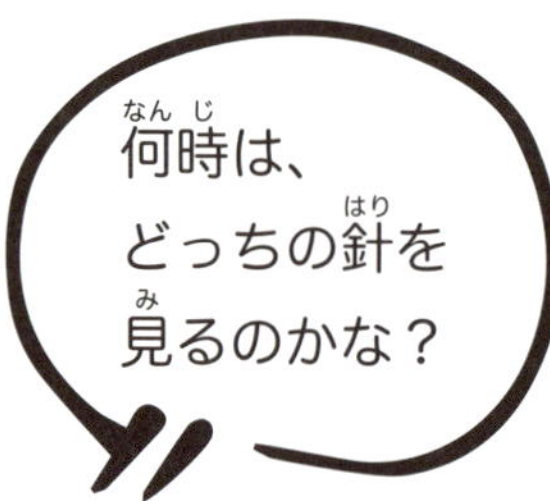

2. 何分　を　表すのは　どっちの針？

□ ①「短い針」

□ ②「長い針」

時計 の 読み方 ⑧

「長い針」 は どこを さしているかな？

1.「長い針」 の 先に ○を つけよう。

2.「短い針」 の 先に ○を つけよう。

3.「何時 何分」かな？

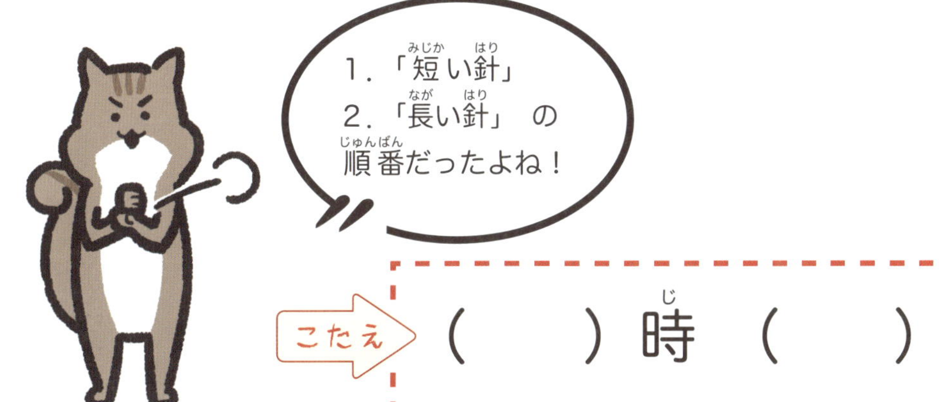

こたえ （　　）時 （　　）分

時計　の　読み方　⑨

正しい　読み方　は　どっち？

1.

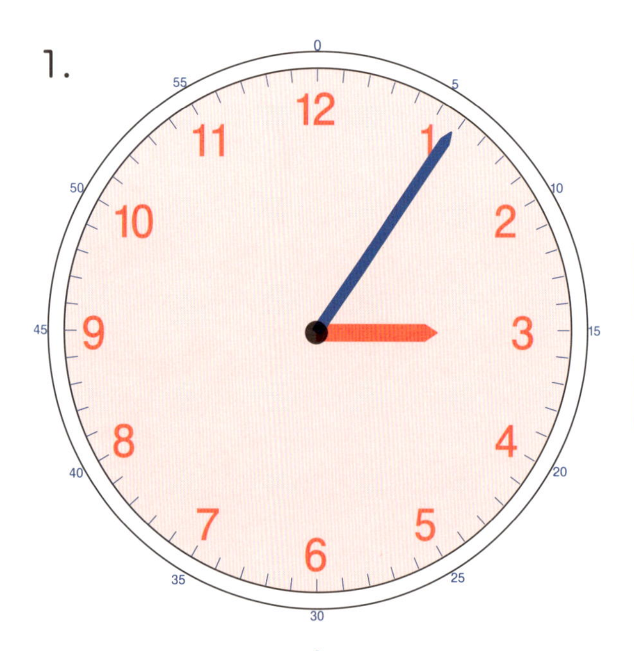

2.

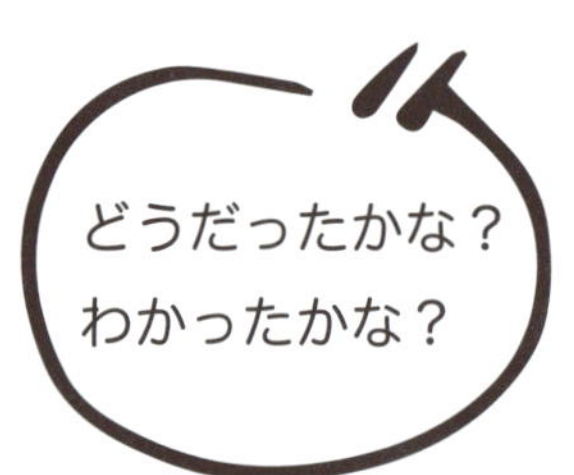

時計 の 読み方 ⑩

時計 を 読んでみよう。

1．「短い針」 の先 を 囲んでみよう。

2．「長い針」 の先 を 囲んでみよう。

3．「何時 何分」かな？

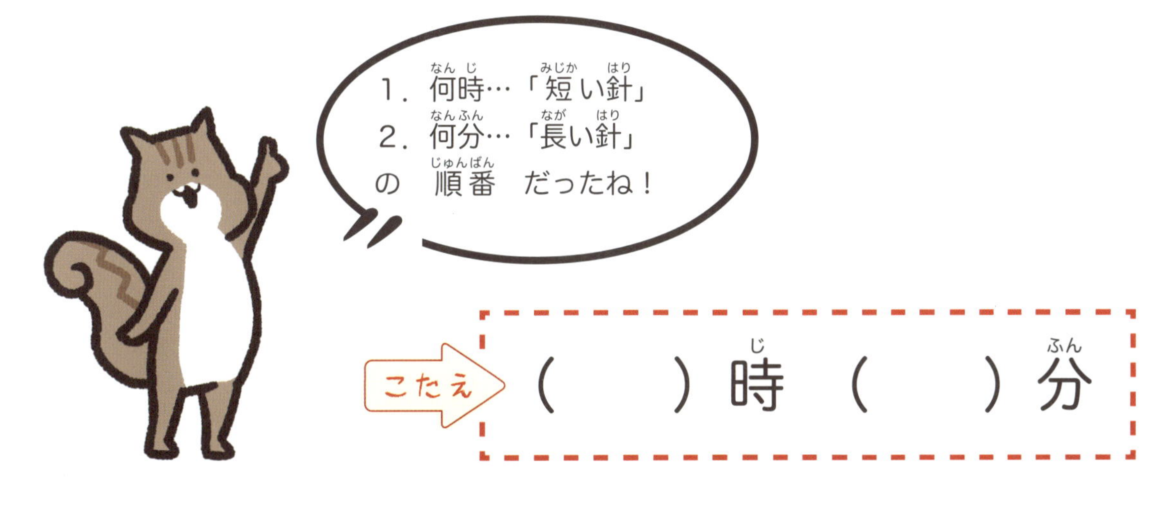

時計　の　読み方　⑪

正しい　読み方　は　どっち？

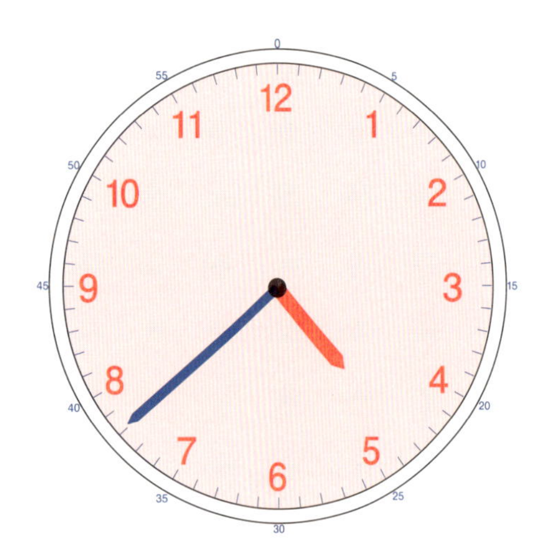

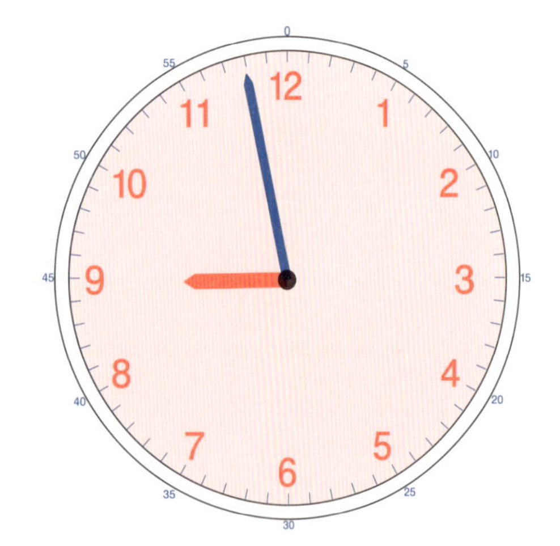

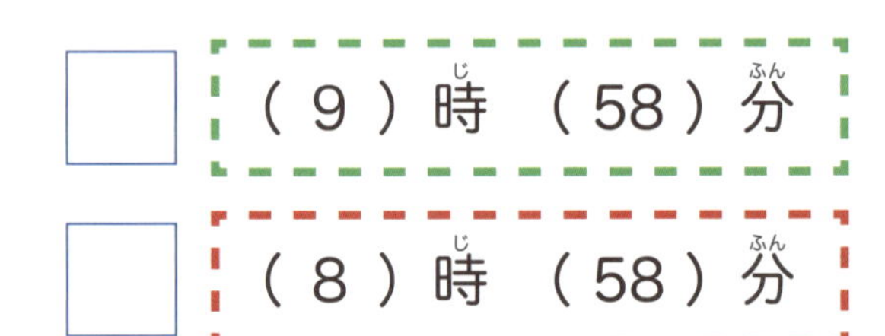

時計の読み方 ⑫

正しい　読み方　は　どっち？

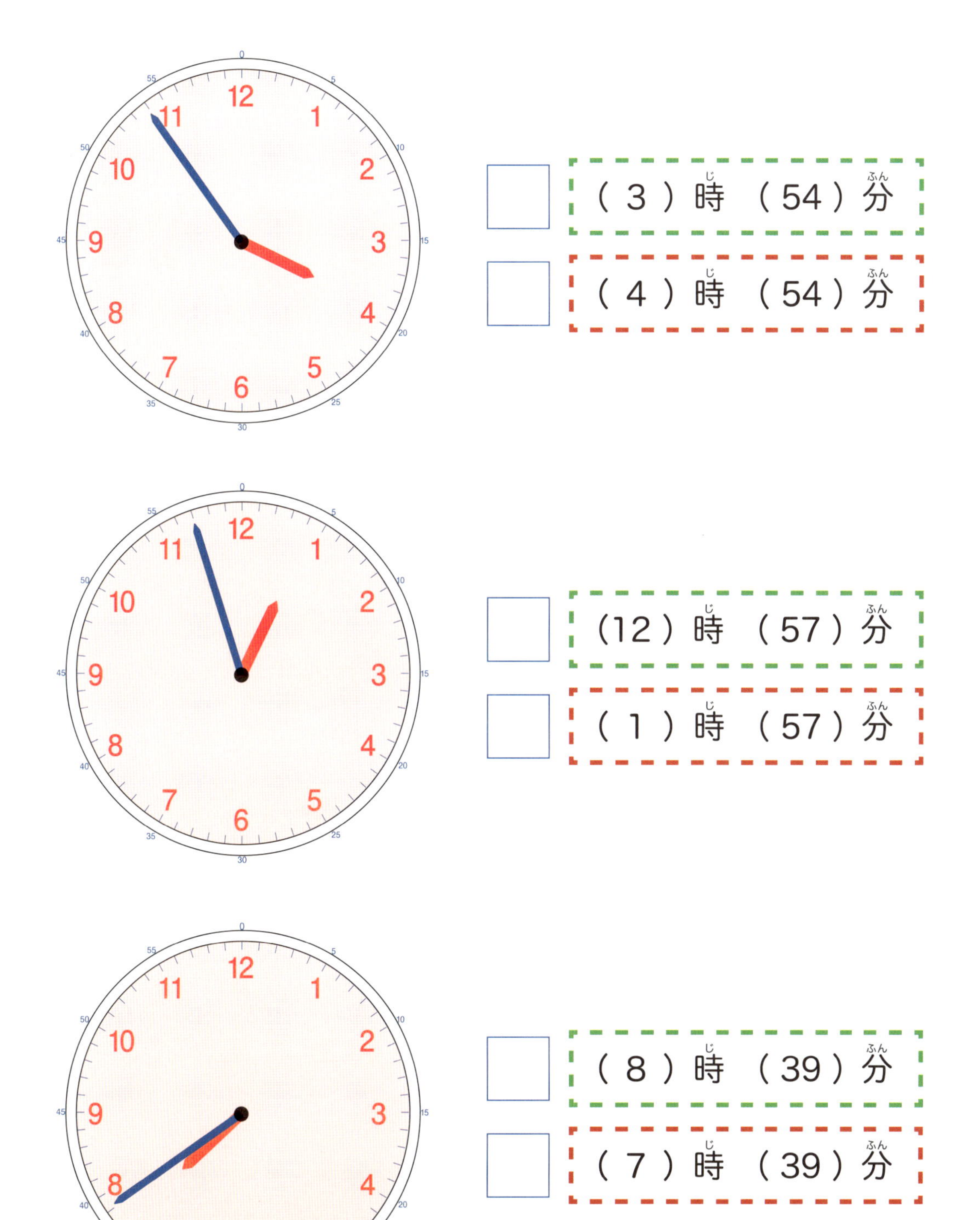

時計　の　読み方　⑬

時計　を　読んでみよう。

1. 「短い針」　の先を　囲んでみよう。
2. 「長い針」　の先を　囲んでみよう。

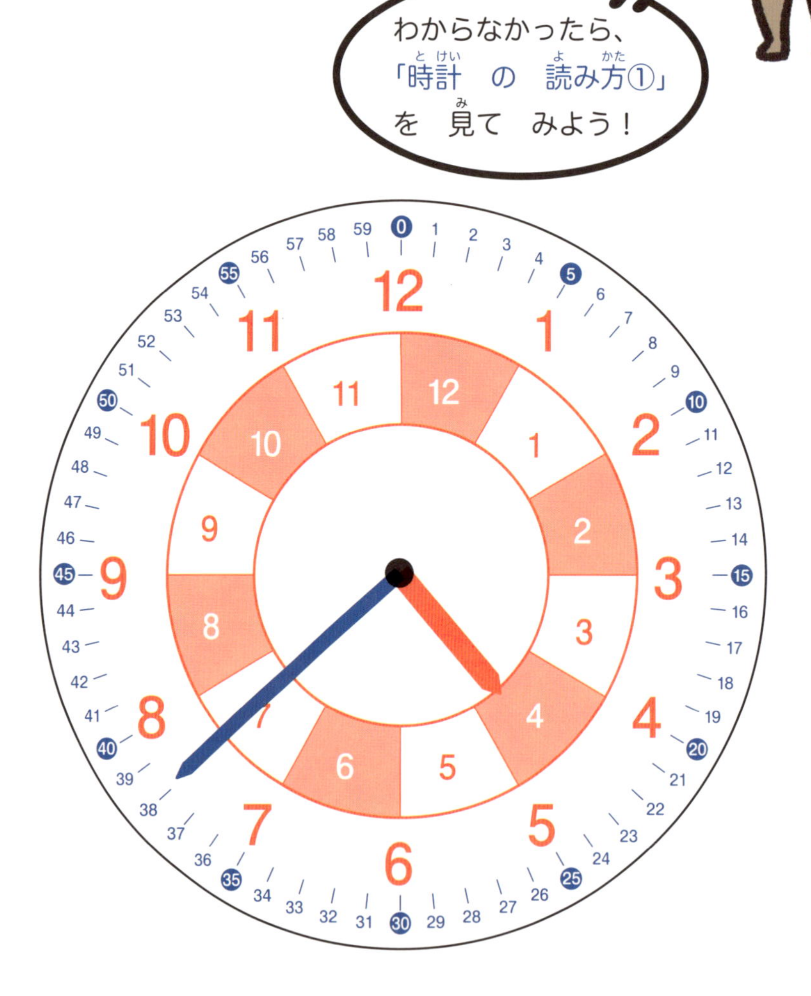

3. 「何時　何分」かな？

こたえ　（　　）時　（　　）分

時計　の　読み方　⑭

1～3の順番でやってみよう。できたら□の中に○を書こう。

□ 1．「短い針」　の先を　囲んでみよう。

□ 2．「長い針」　の先を　囲んでみよう。

□ 3．「何時　何分」かな？

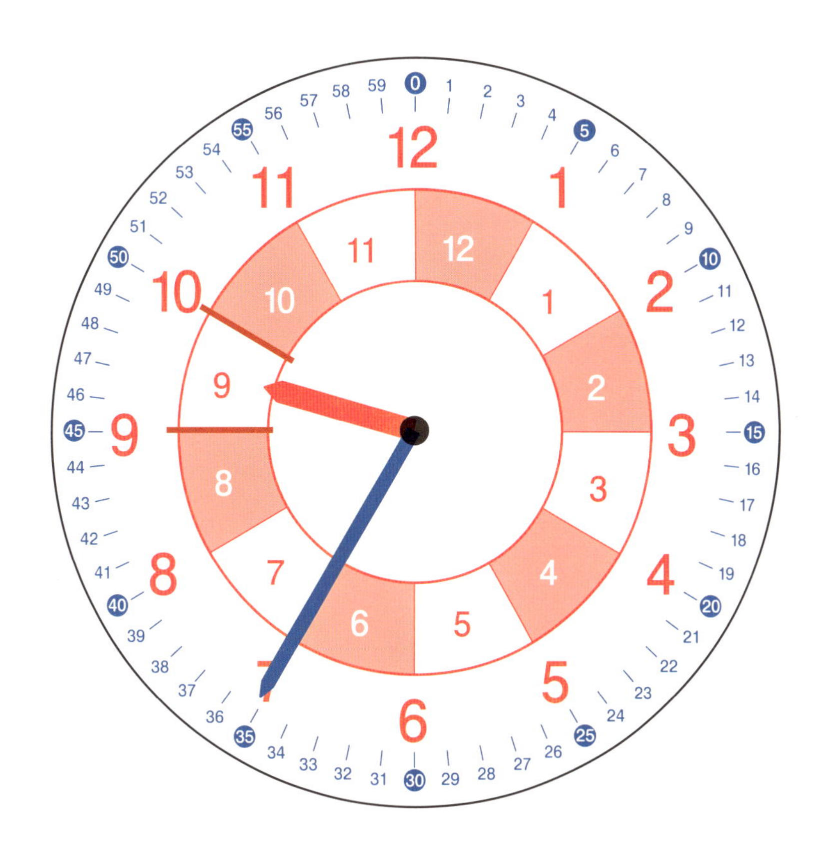

こたえ　（　　　）時　（　　　）分

時計　の　読み方　⑮

1～3の順番でやってみよう。できたら□の中に○を書こう。

□ 1.「短い針」の先を　囲んでみよう。

□ 2.「長い針」の先を　囲んでみよう。

□ 3. 点線　を　なぞろう。

「短い針」の範囲に気をつけよう

こたえ　(　　) 時　(　　) 分

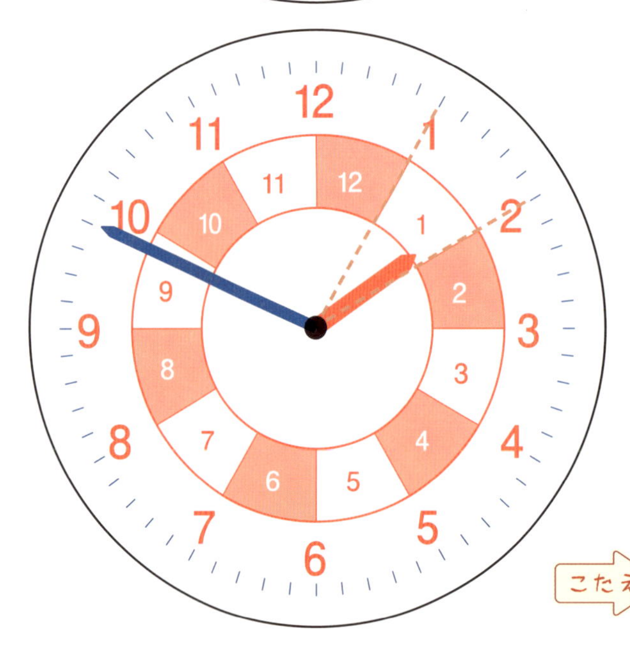

こたえ　(　　) 時　(　　) 分

時計の　読み方は　わかったかな？
むずかしかったら　前にもどって
ちょうせんしてみよう！

できなかった　問題だけ
少したってから　チャレンジしても
いいね。

時計のステップとねらい

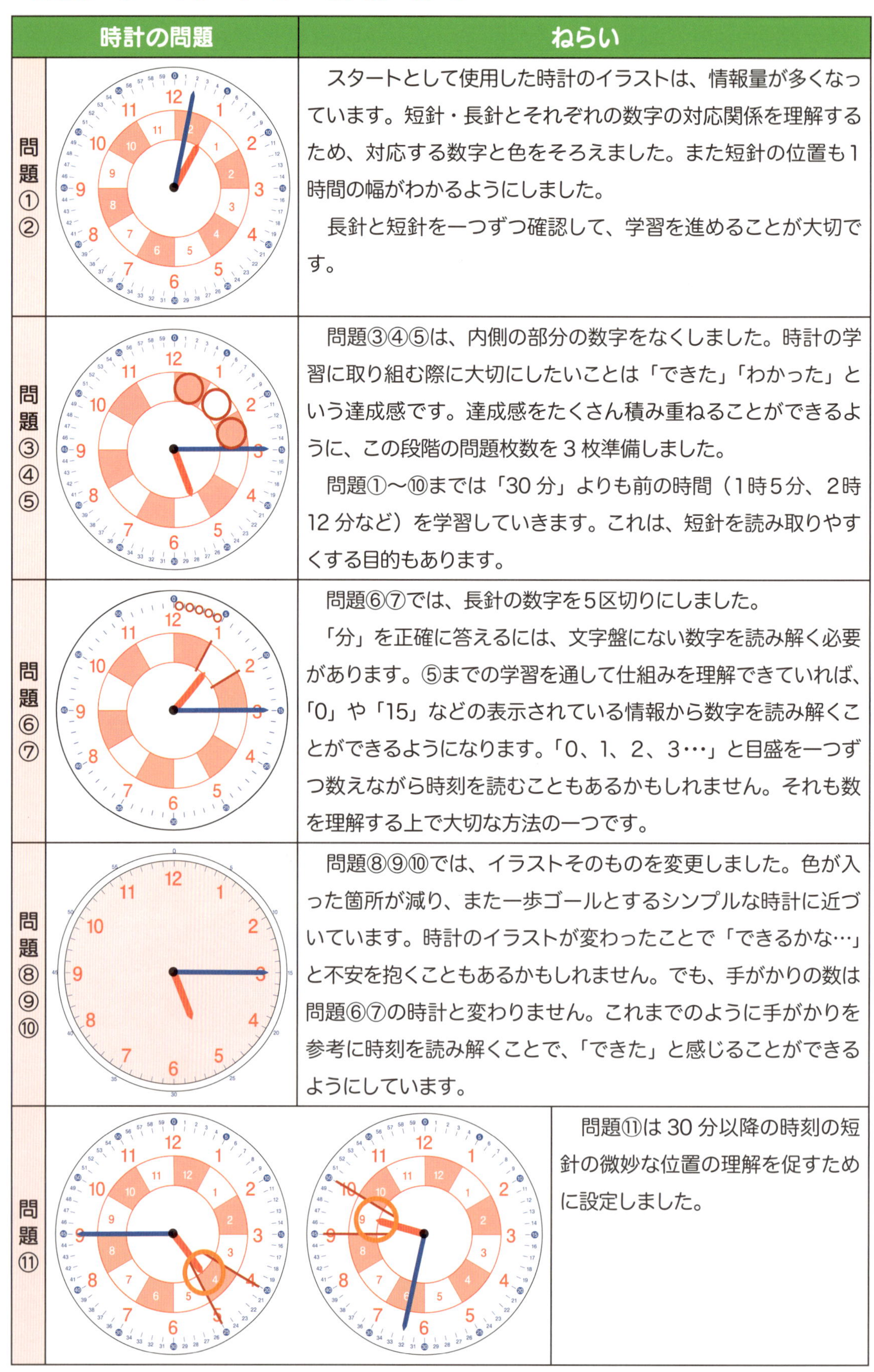

時計の問題	ねらい
問題①②	スタートとして使用した時計のイラストは、情報量が多くなっています。短針・長針とそれぞれの数字の対応関係を理解するため、対応する数字と色をそろえました。また短針の位置も1時間の幅がわかるようにしました。 長針と短針を一つずつ確認して、学習を進めることが大切です。
問題③④⑤	問題③④⑤は、内側の部分の数字をなくしました。時計の学習に取り組む際に大切にしたいことは「できた」「わかった」という達成感です。達成感をたくさん積み重ねることができるように、この段階の問題枚数を 3 枚準備しました。 問題①～⑩までは「30 分」よりも前の時間（1時5分、2時12 分など）を学習していきます。これは、短針を読み取りやすくする目的もあります。
問題⑥⑦	問題⑥⑦では、長針の数字を5区切りにしました。 「分」を正確に答えるには、文字盤にない数字を読み解く必要があります。⑤までの学習を通して仕組みを理解できていれば、「0」や「15」などの表示されている情報から数字を読み解くことができるようになります。「0、1、2、3…」と目盛を一つずつ数えながら時刻を読むこともあるかもしれません。それも数を理解する上で大切な方法の一つです。
問題⑧⑨⑩	問題⑧⑨⑩では、イラストそのものを変更しました。色が入った箇所が減り、また一歩ゴールとするシンプルな時計に近づいています。時計のイラストが変わったことで「できるかな…」と不安を抱くこともあるかもしれません。でも、手がかりの数は問題⑥⑦の時計と変わりません。これまでのように手がかりを参考に時刻を読み解くことで、「できた」と感じることができるようにしています。
問題⑪	問題⑪は 30 分以降の時刻の短針の微妙な位置の理解を促すために設定しました。

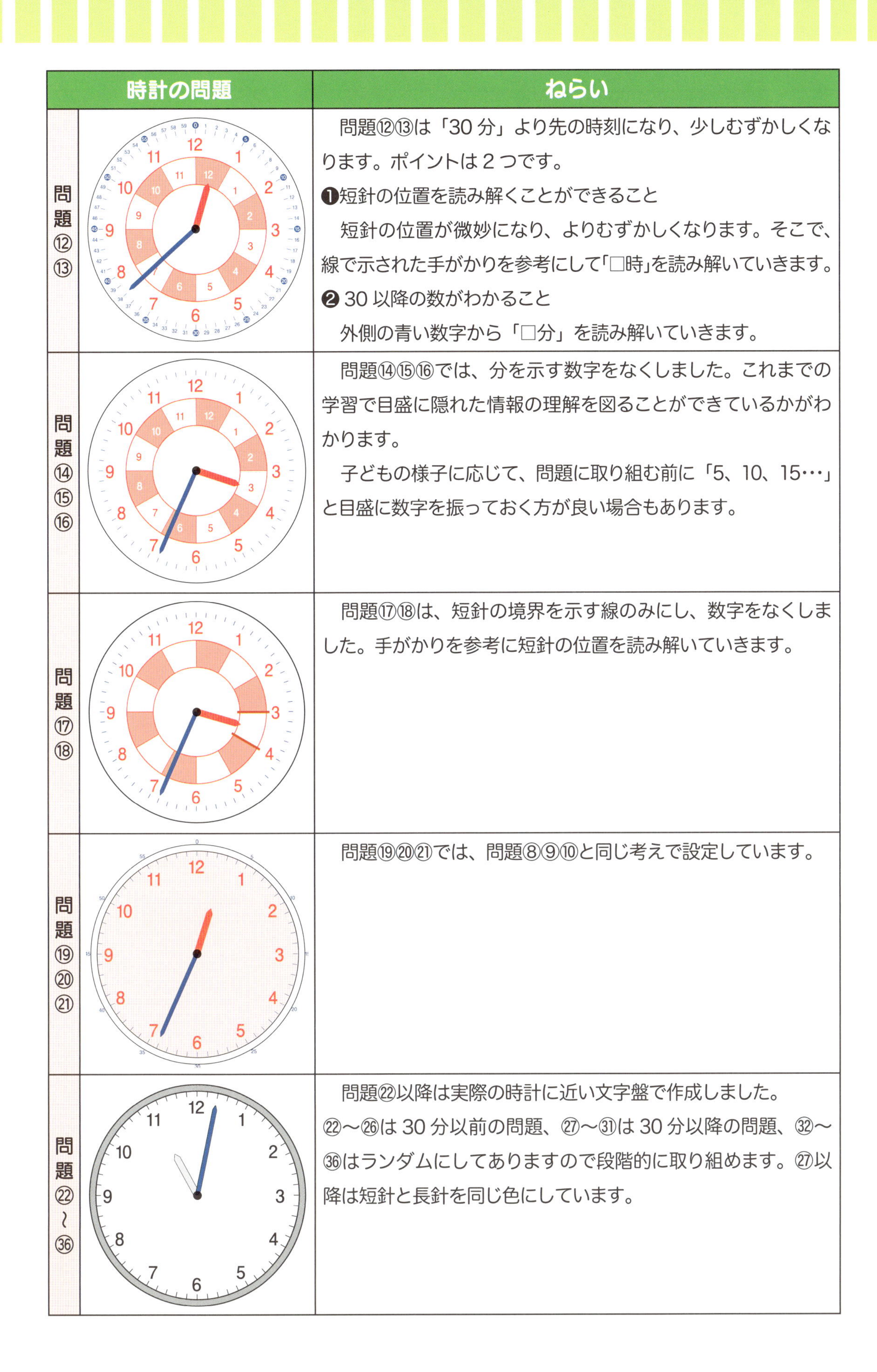

時計の問題		ねらい
問題⑫⑬		問題⑫⑬は「30 分」より先の時刻になり、少しむずかしくなります。ポイントは 2 つです。 ❶短針の位置を読み解くことができること 短針の位置が微妙になり、よりむずかしくなります。そこで、線で示された手がかりを参考にして「□時」を読み解いていきます。 ❷ 30 以降の数がわかること 外側の青い数字から「□分」を読み解いていきます。
問題⑭⑮⑯		問題⑭⑮⑯では、分を示す数字をなくしました。これまでの学習で目盛に隠れた情報の理解を図ることができているかがわかります。 子どもの様子に応じて、問題に取り組む前に「5、10、15…」と目盛に数字を振っておく方が良い場合もあります。
問題⑰⑱		問題⑰⑱は、短針の境界を示す線のみにし、数字をなくしました。手がかりを参考に短針の位置を読み解いていきます。
問題⑲⑳㉑		問題⑲⑳㉑では、問題⑧⑨⑩と同じ考えで設定しています。
問題㉒～㊱		問題㉒以降は実際の時計に近い文字盤で作成しました。 ㉒～㉖は 30 分以前の問題、㉗～㉛は 30 分以降の問題、㉜～㊱はランダムにしてありますので段階的に取り組めます。㉗以降は短針と長針を同じ色にしています。

時計の問題 ①

「何時　何分」かな？

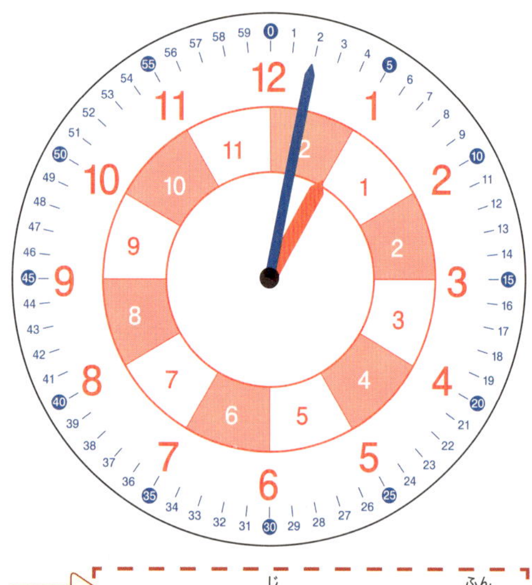

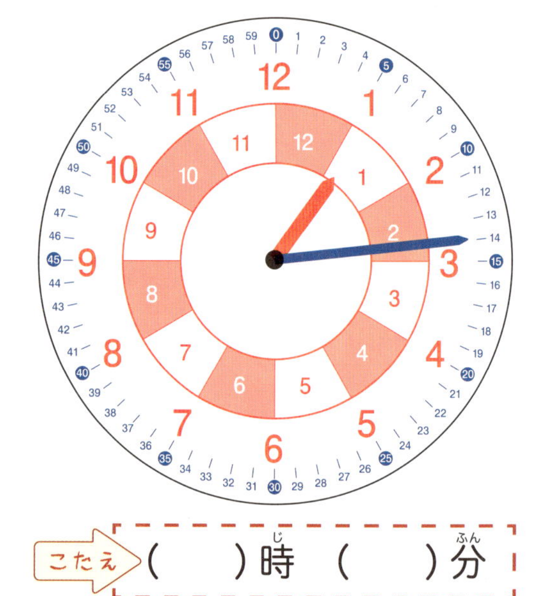

こたえ　(　　)時　(　　)分

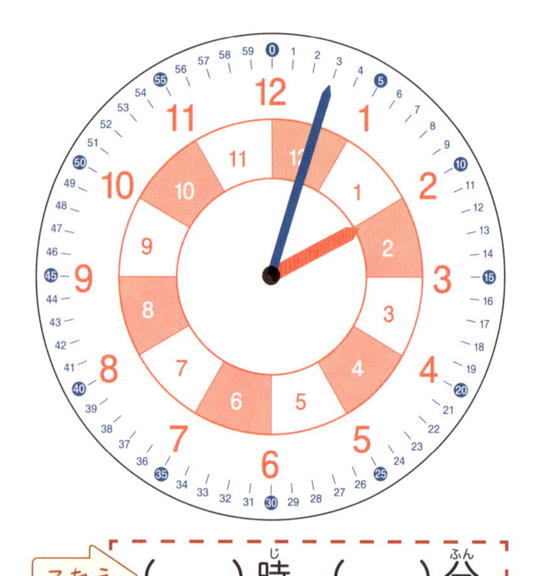

こたえ　(　　)時　(　　)分

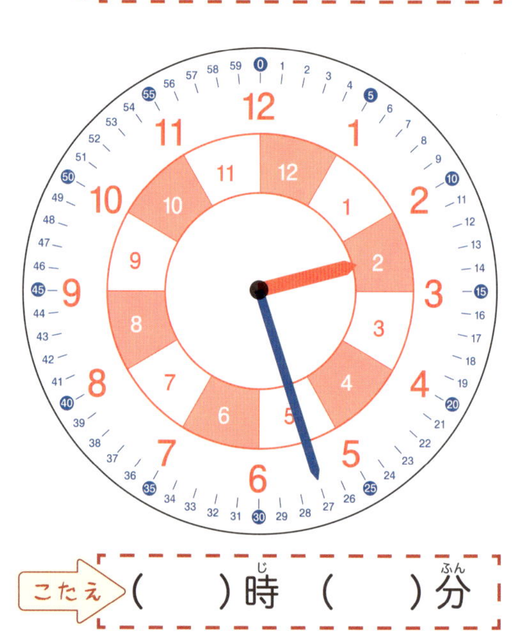

こたえ　(　　)時　(　　)分

時計（とけい） の 問題（もんだい） ②

「何時（なんじ）　何分（なんぷん）」 かな？

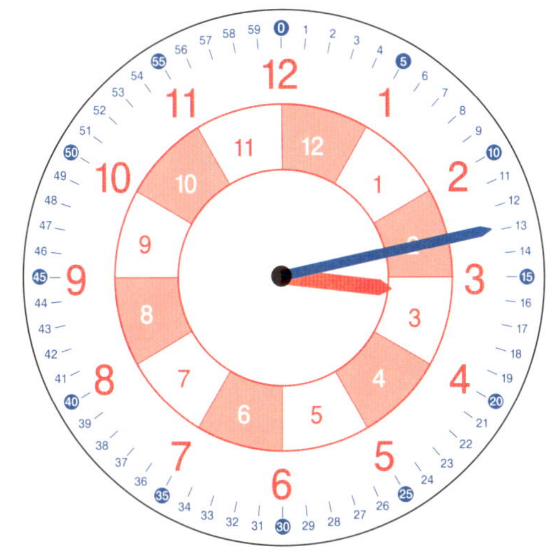

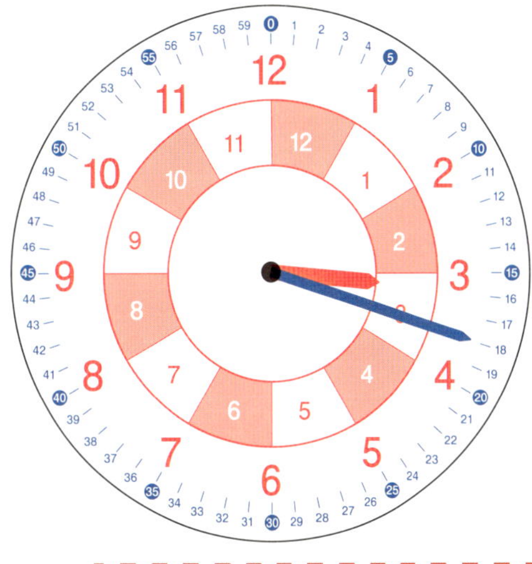

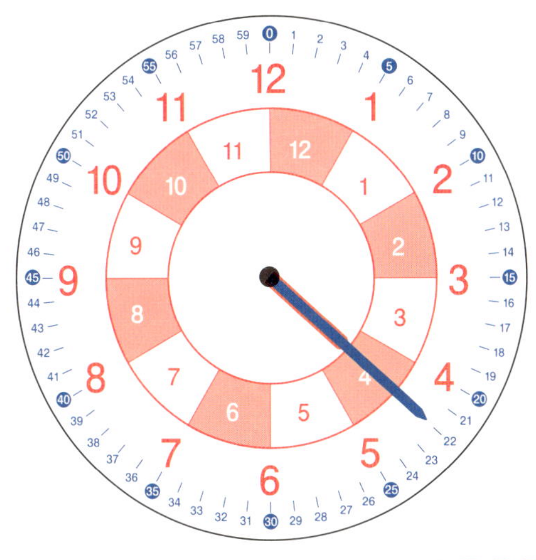

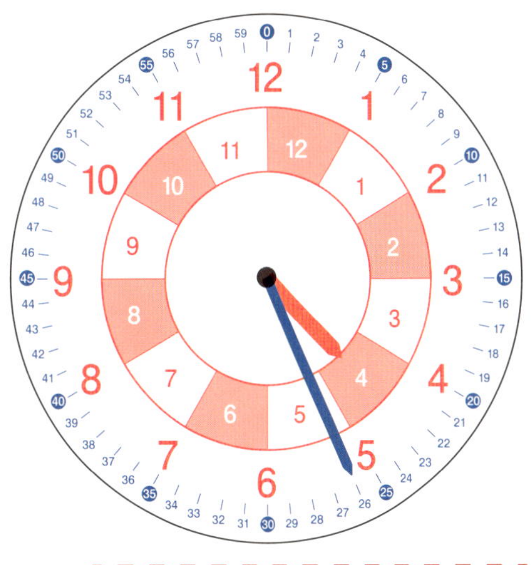

こたえ （　　）時（じ）　（　　）分（ふん）

こたえ （　　）時（じ）　（　　）分（ふん）

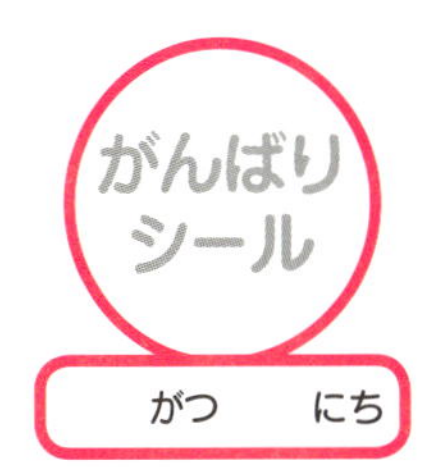

時計 の 問題 ③

「何時　何分」 かな？

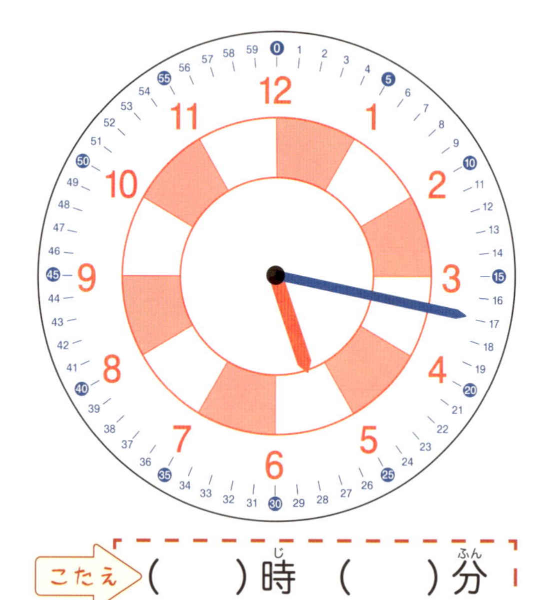

こたえ （　　）時　（　　）分

こたえ （　　）時　（　　）分

こたえ （　　）時　（　　）分

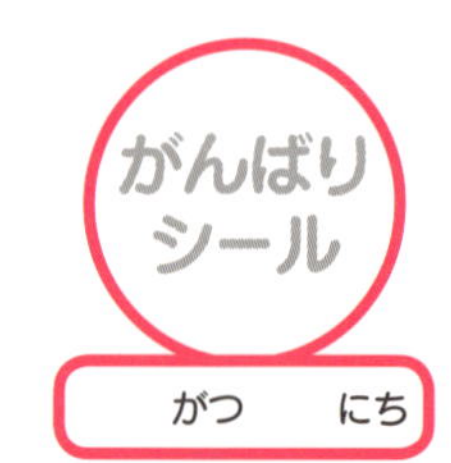

がんばり
シール

がつ　にち

時計 の 問題 ④

「何時　何分」 かな？

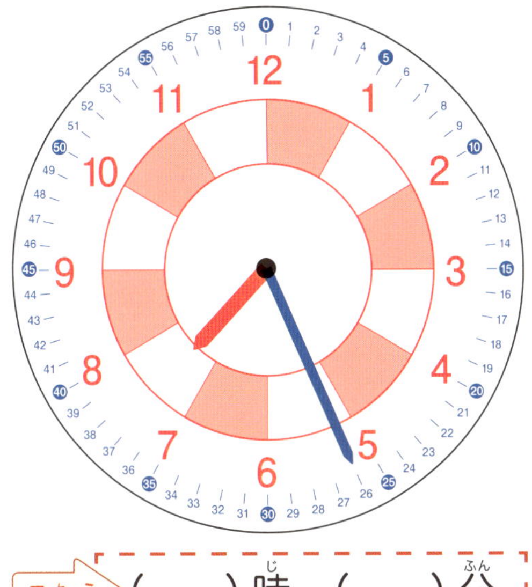

こたえ (　　) 時　(　　) 分

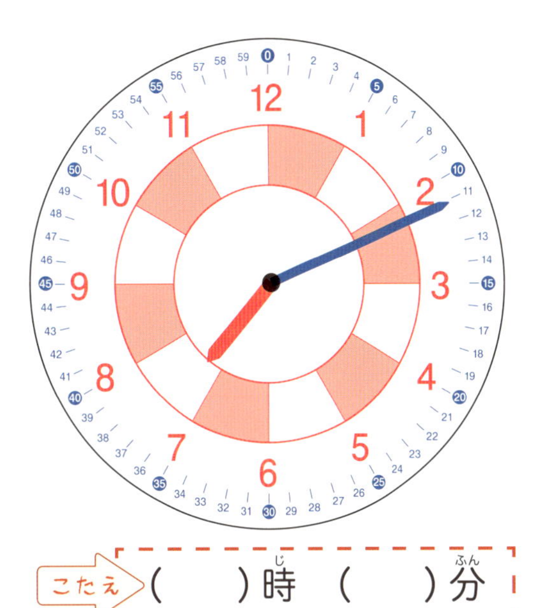

こたえ (　　) 時　(　　) 分

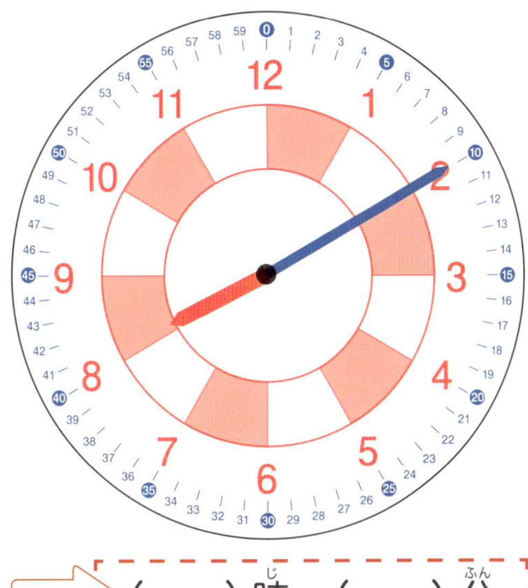

こたえ (　　) 時　(　　) 分

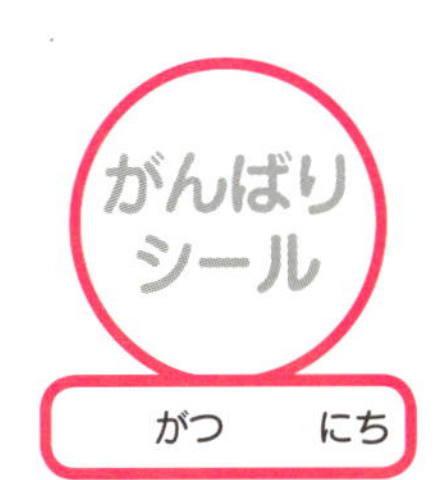

時計 の 問題 ⑤

「何時　何分」 かな？

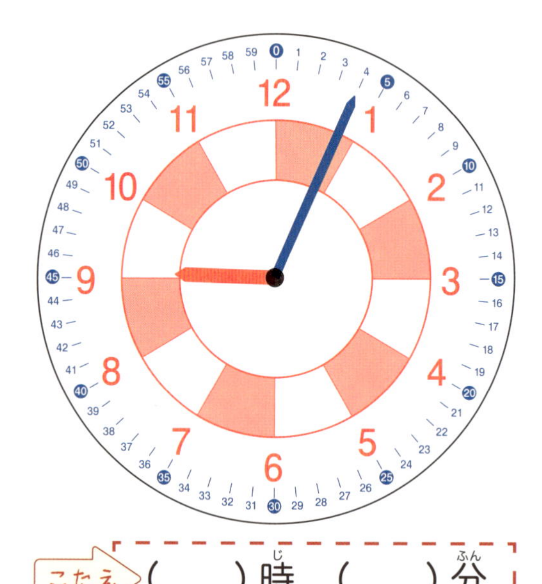

こたえ　(　　)時　(　　)分

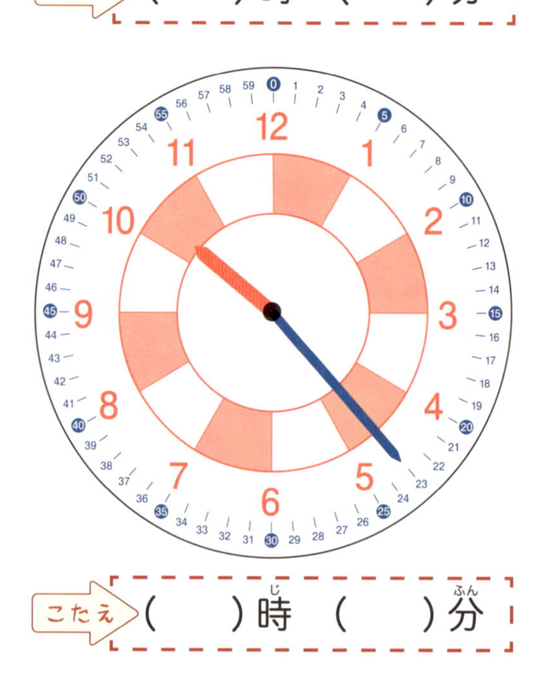

こたえ　(　　)時　(　　)分

がんばりシール
がつ　にち

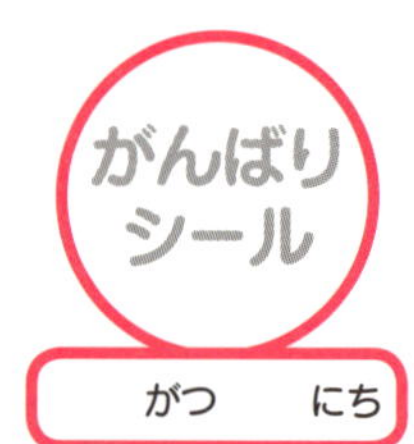

時計(とけい)の　問題(もんだい)　⑥

「何時(なんじ)　何分(なんぷん)」　かな？

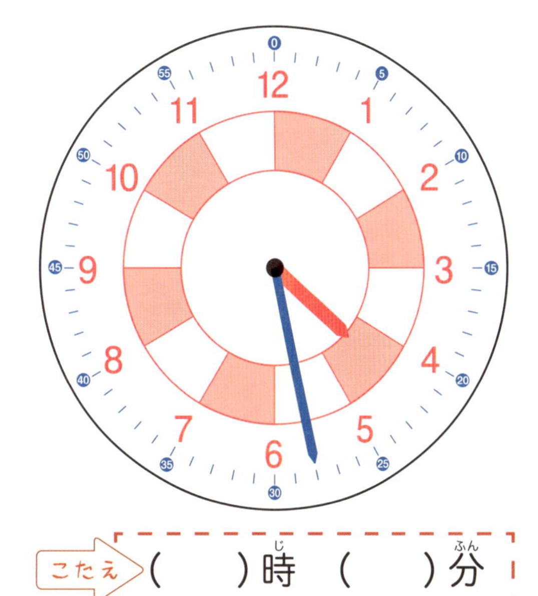

こたえ　(　　)時(じ)　(　　)分(ふん)

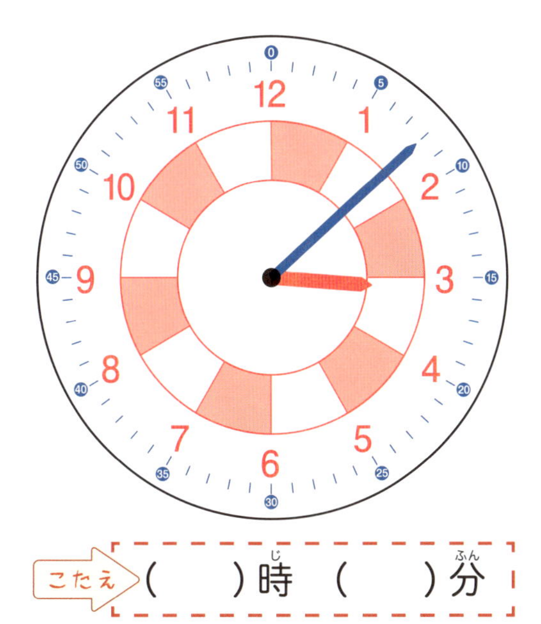

こたえ　(　　)時(じ)　(　　)分(ふん)

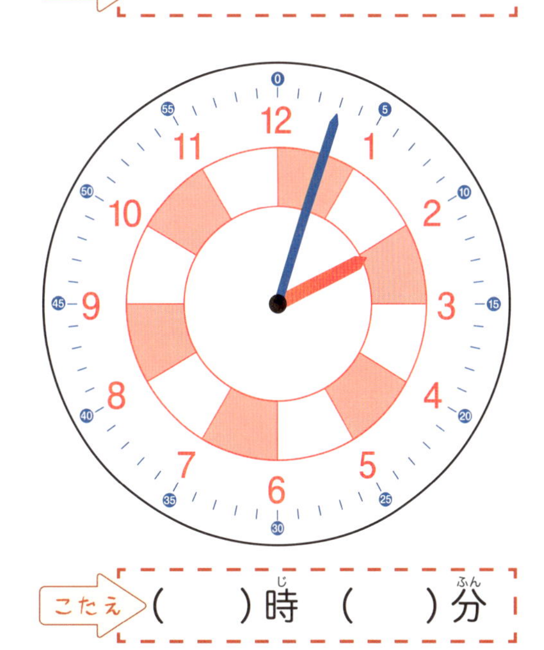

こたえ　(　　)時(じ)　(　　)分(ふん)

時計(とけい)の問題(もんだい) ⑦

「何時(なんじ)　何分(なんぷん)」かな？

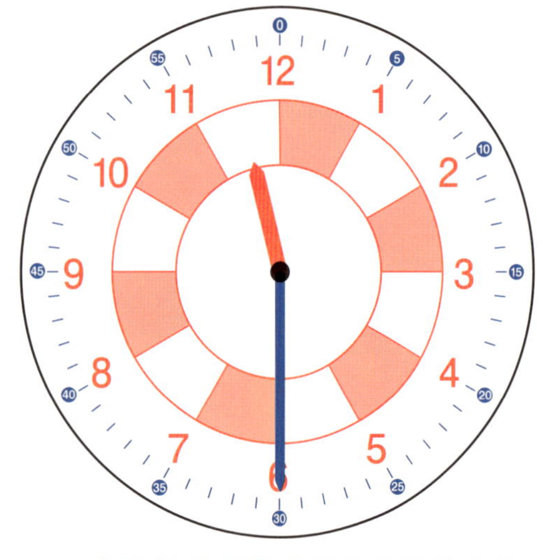

こたえ（　　）時（　　）分

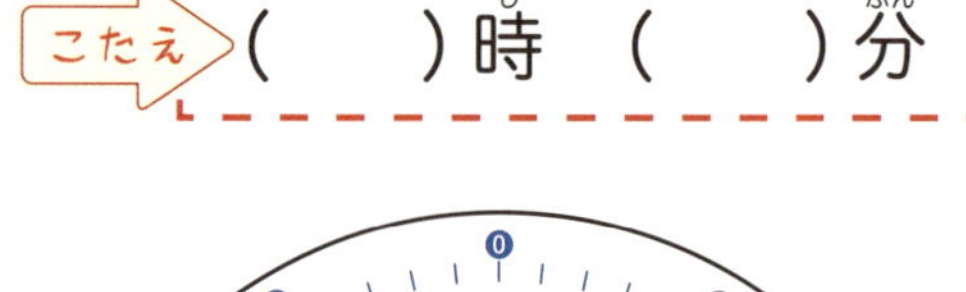

こたえ（　　）時（　　）分

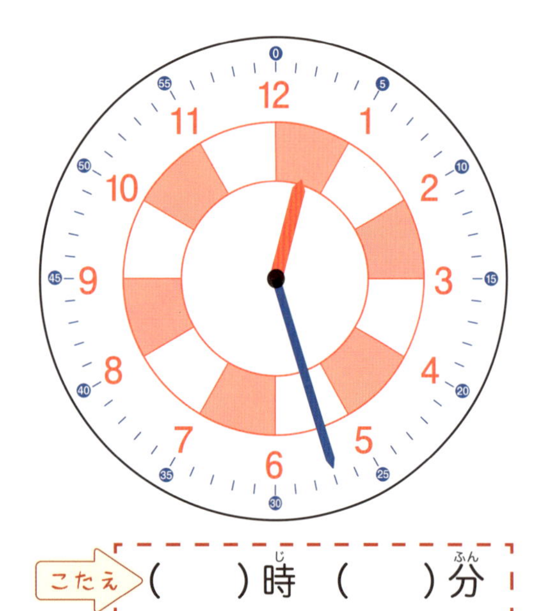

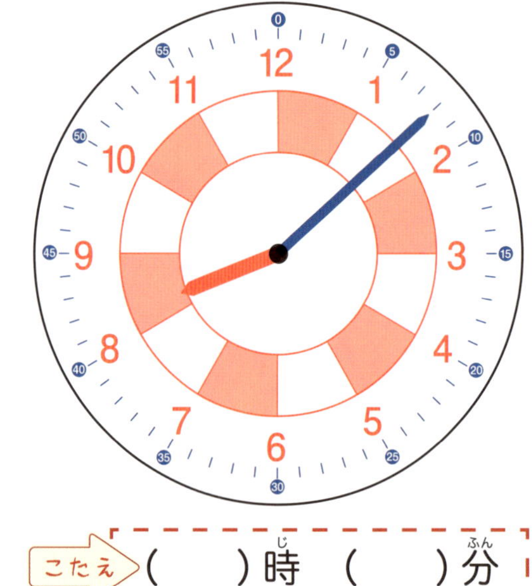

こたえ（　　）時（　　）分

こたえ（　　）時（　　）分

時計 の 問題 ⑧

「何時　何分」 かな？

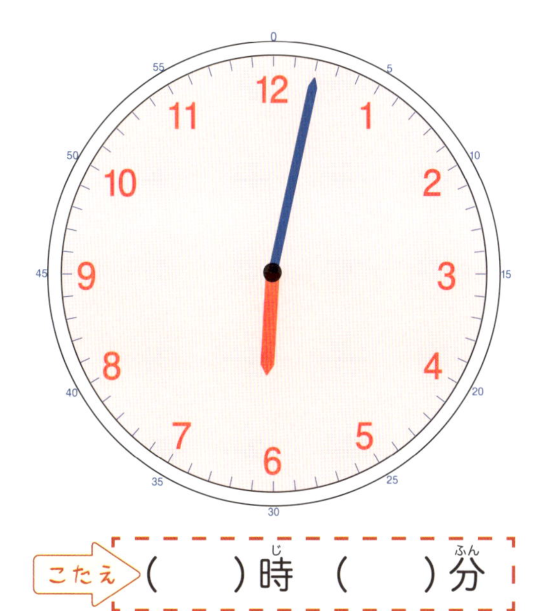

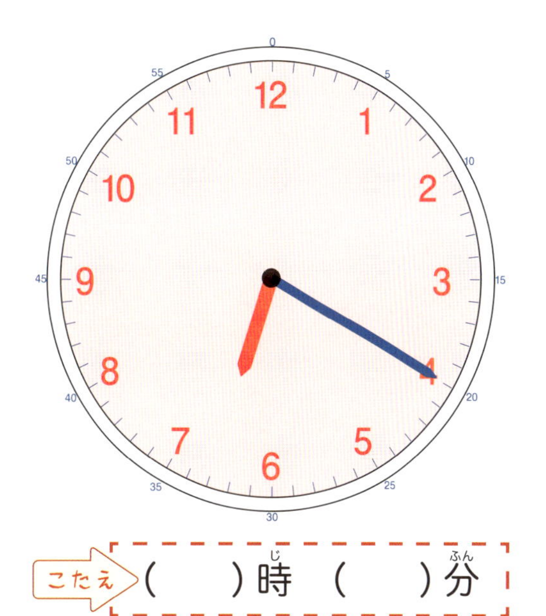

こたえ (　)時 (　)分

こたえ (　)時 (　)分

時計の問題 ⑨

「何時　何分」かな？

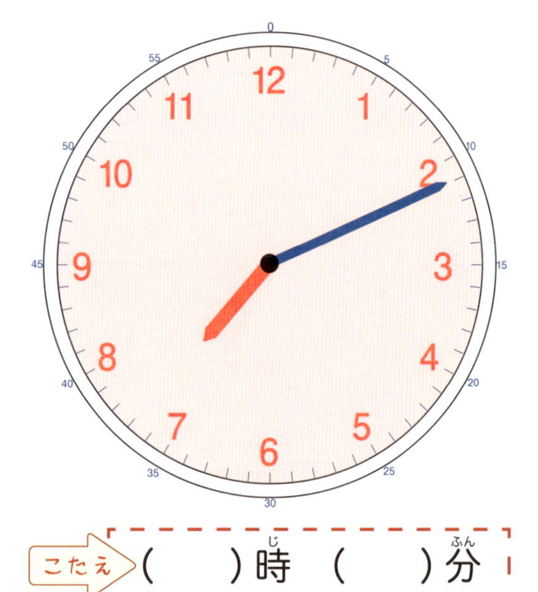

こたえ（　　）時　（　　）分

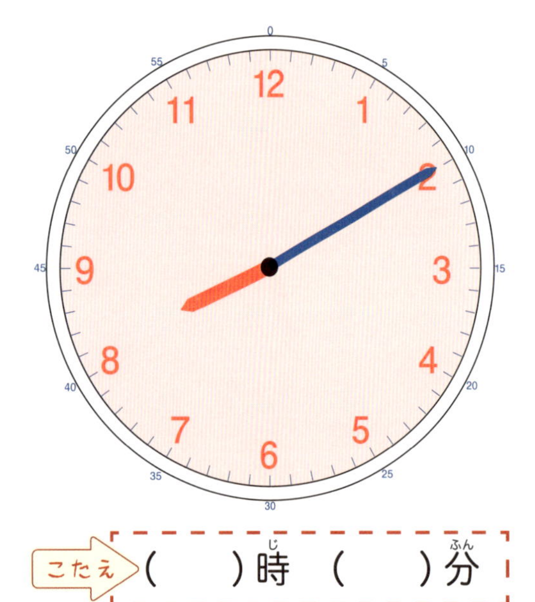

こたえ（　　）時　（　　）分

こたえ（　　）時　（　　）分

時計(とけい) の 問題(もんだい) ⑩

「何時(なんじ)　何分(なんふん)」 かな？

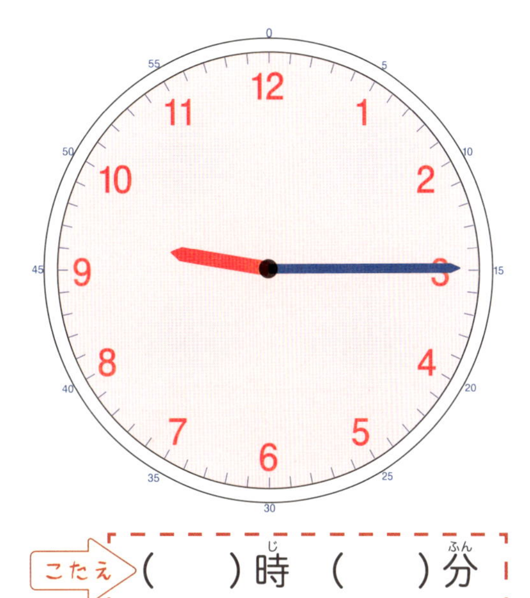

こたえ　(　　)時(じ)　(　　)分(ふん)

こたえ　(　　)時(じ)　(　　)分(ふん)

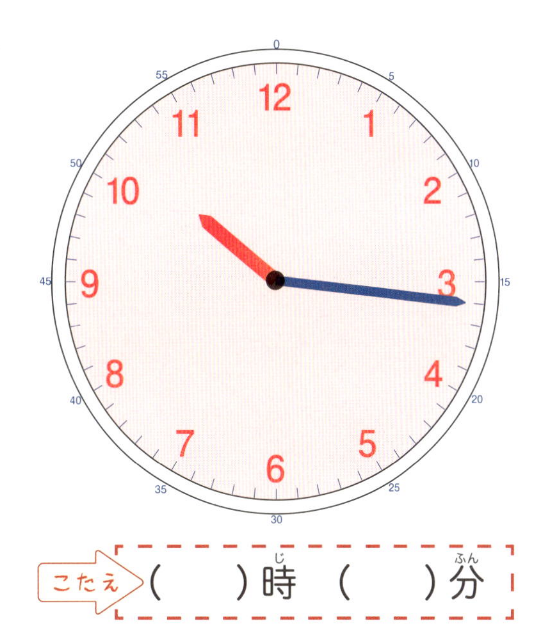

こたえ　(　　)時(じ)　(　　)分(ふん)

時計(とけい)の問題(もんだい)⑪

「何時(なんじ)　何分(なんふん)」かな？

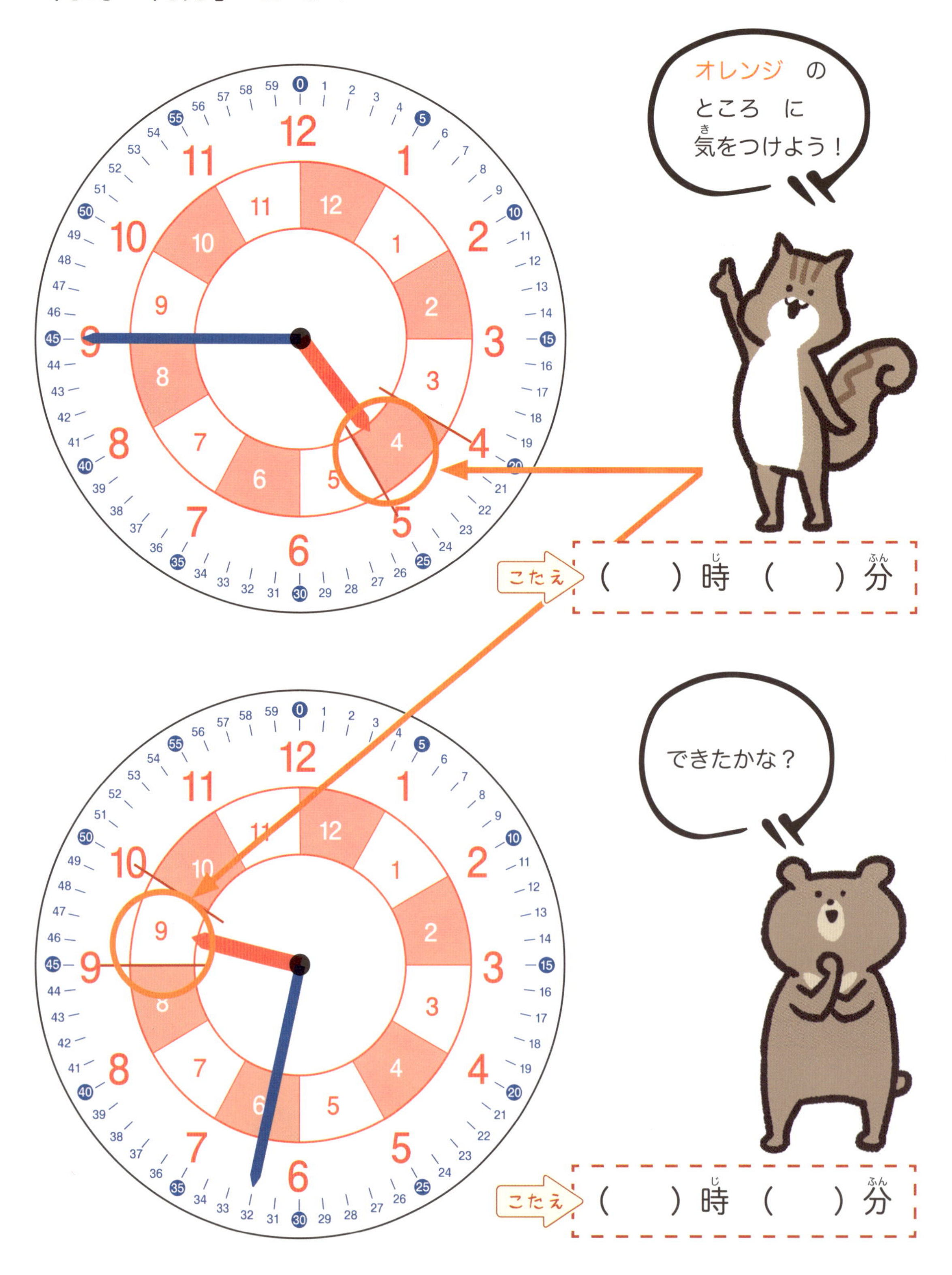

時計(とけい)の問題(もんだい) ⑫

「何時(なんじ)　何分(なんぷん)」かな？

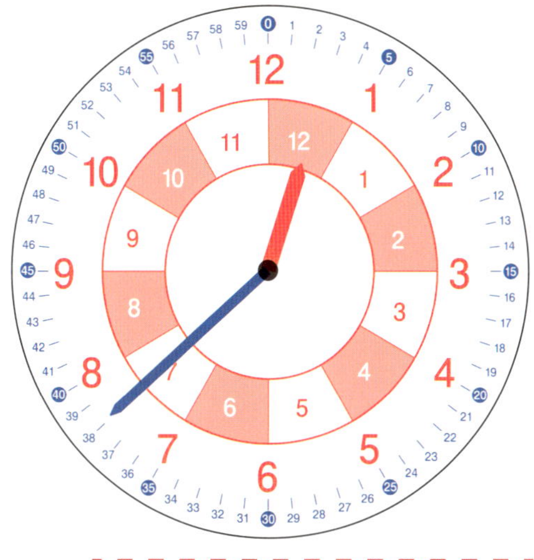

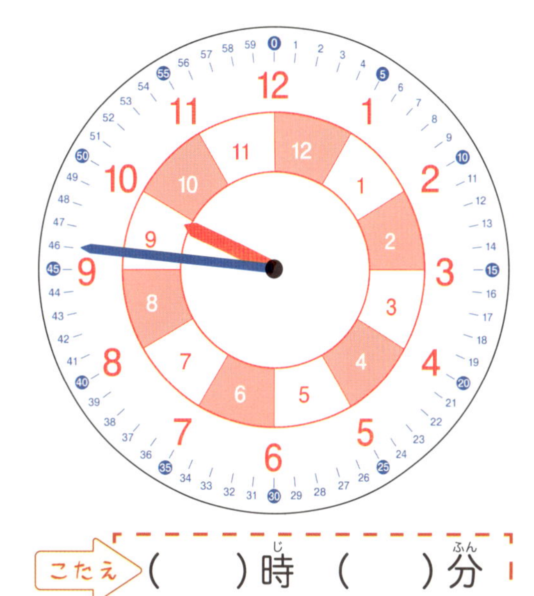

こたえ　(　　)時(じ)　(　　)分(ふん)

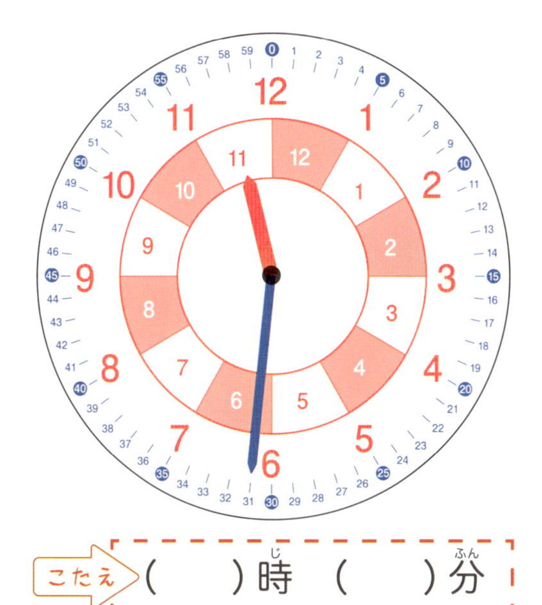

こたえ　(　　)時(じ)　(　　)分(ふん)

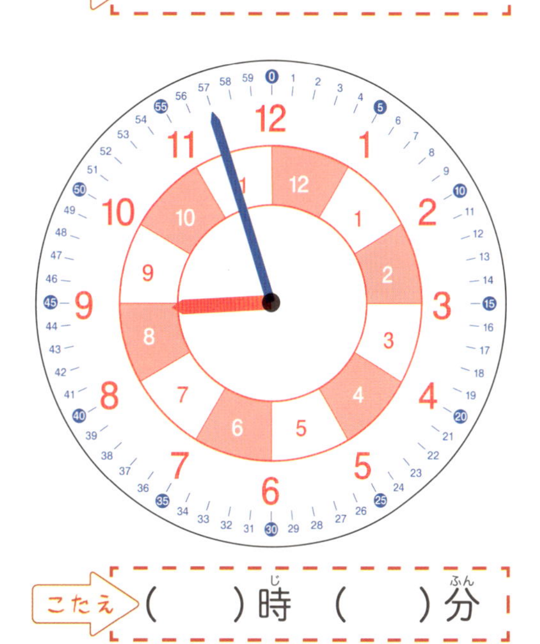

こたえ　(　　)時(じ)　(　　)分(ふん)

時計（とけい）の問題（もんだい）⑬

「何時（なんじ）　何分（なんぷん）」かな？

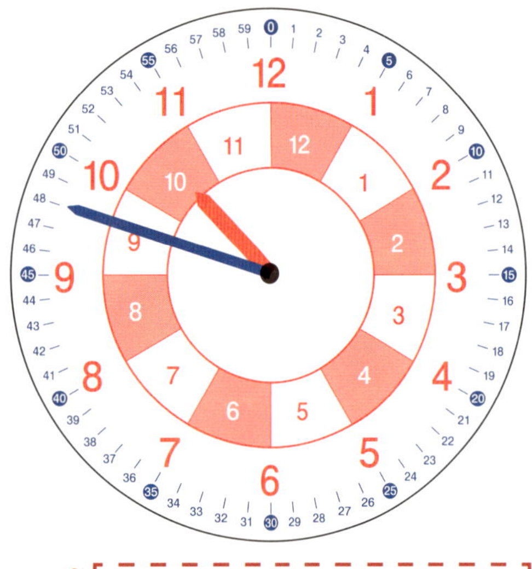

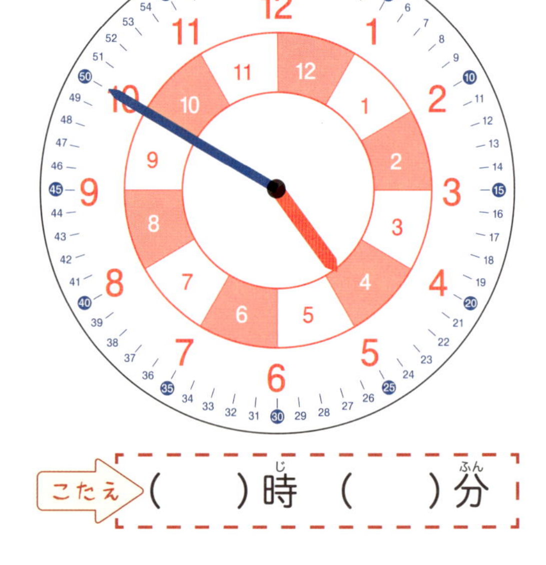

こたえ　（　　）時（じ）（　　）分（ふん）

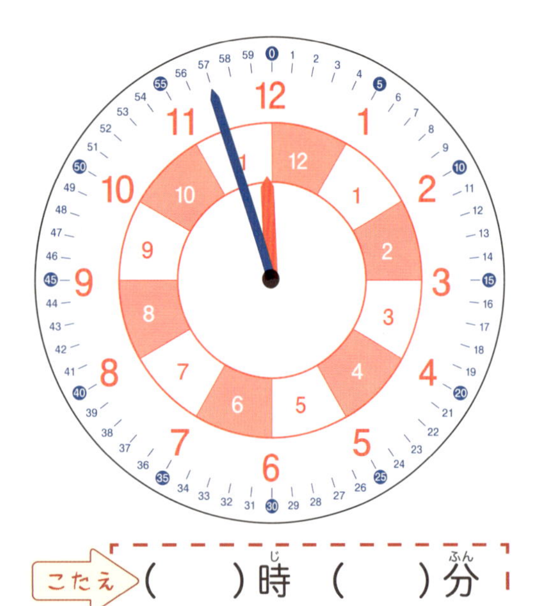

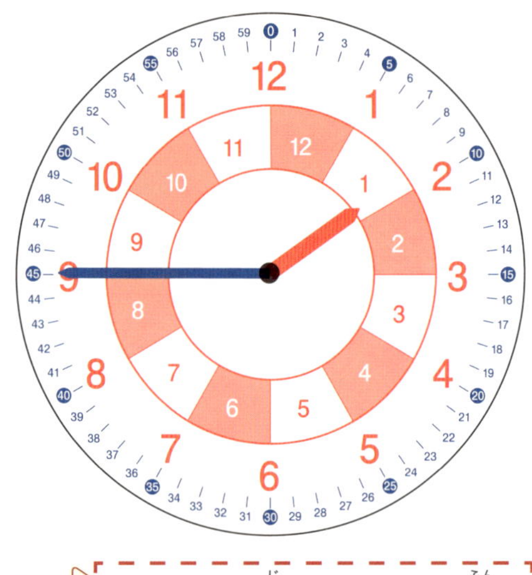

こたえ　（　　）時（じ）（　　）分（ふん）

こたえ　（　　）時（じ）（　　）分（ふん）

時計 の 問題 ⑭

「何時　何分」 かな？

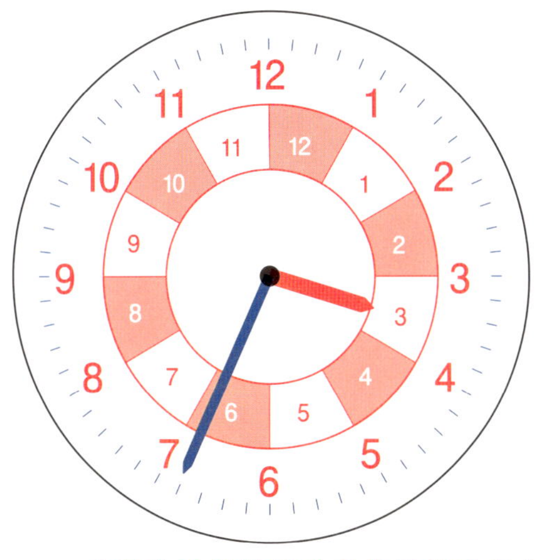

こたえ (　) 時 (　) 分

こたえ (　) 時 (　) 分

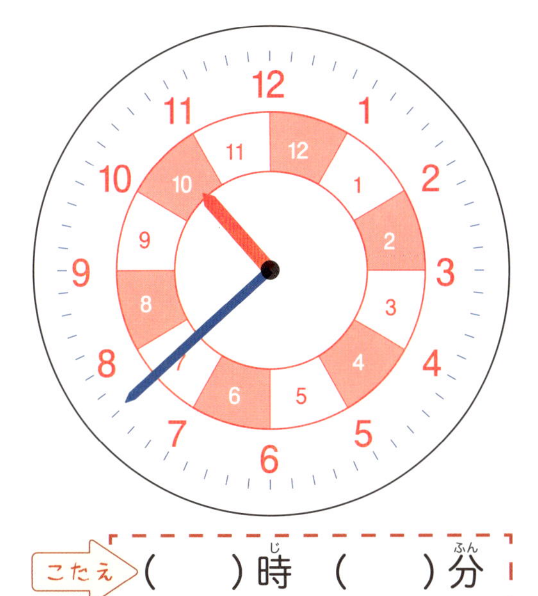

こたえ (　) 時 (　) 分

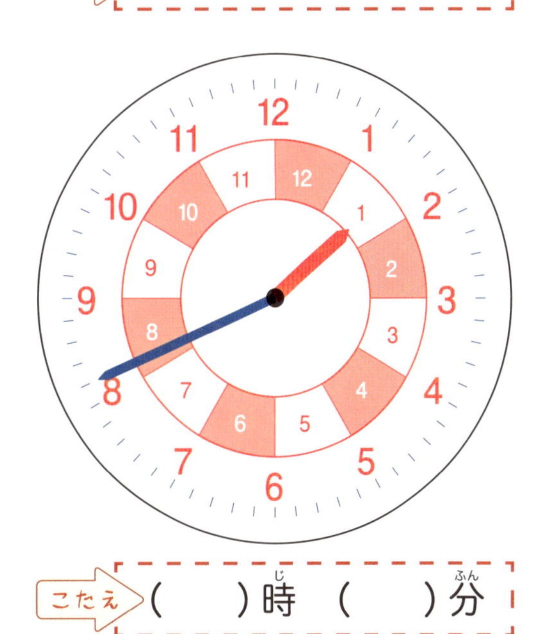

こたえ (　) 時 (　) 分

がんばり シール
がつ にち

がんばり シール
がつ にち

時計(とけい)　の　問題(もんだい)　⑮

「何時(なんじ)　何分(なんぷん)」　かな？

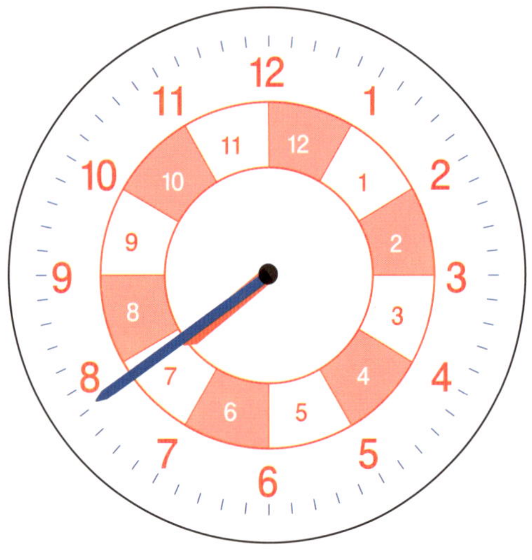

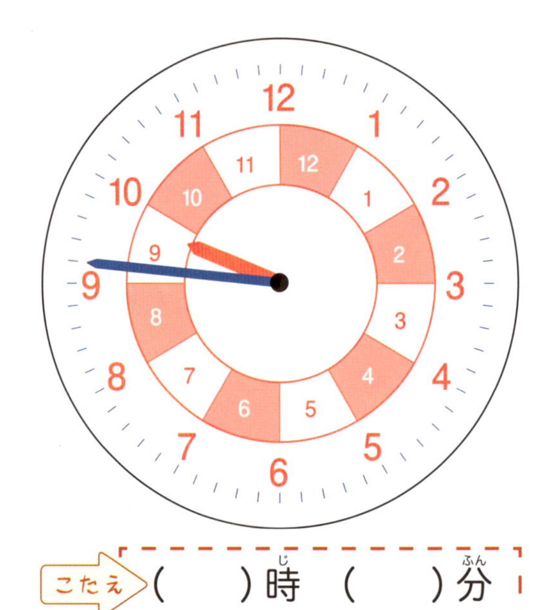

こたえ　(　　)時(じ)　(　　)分(ふん)

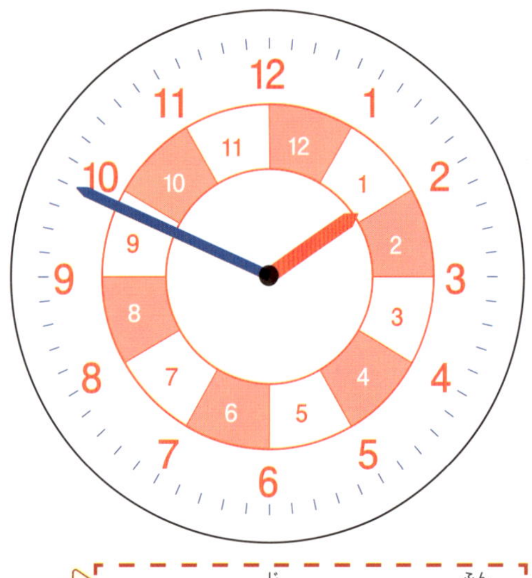

時計の問題 ⑯

「何時　何分」かな？

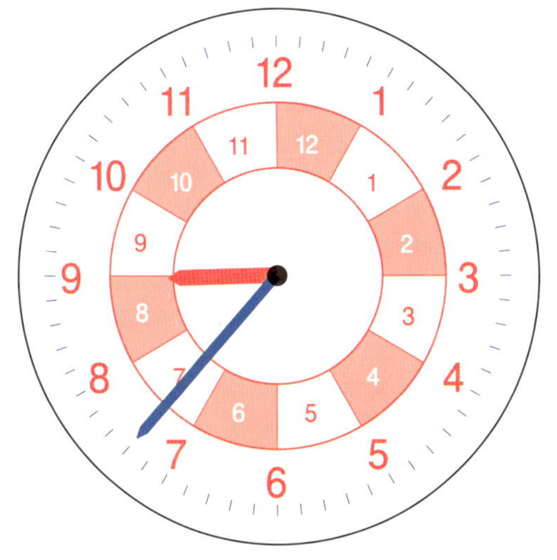

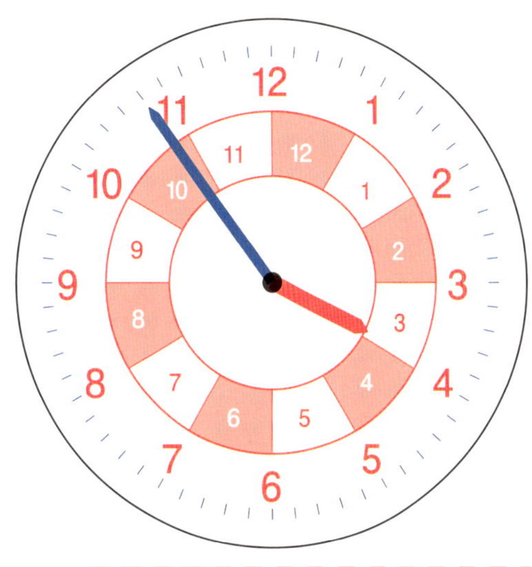

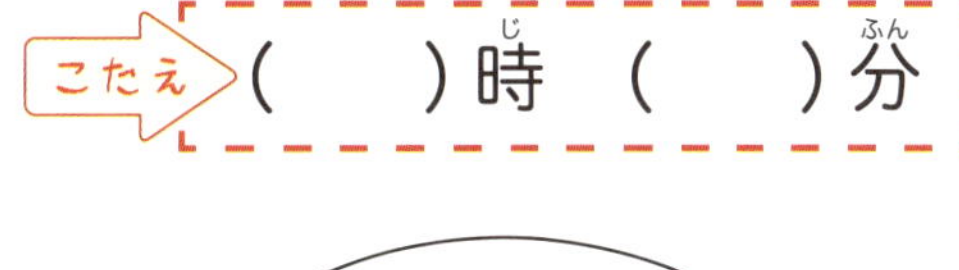

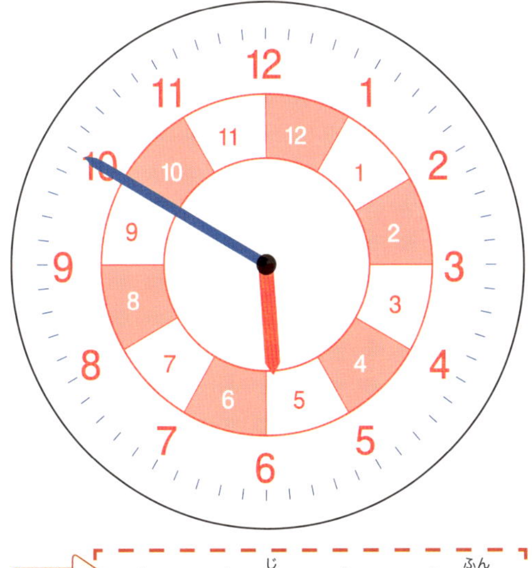

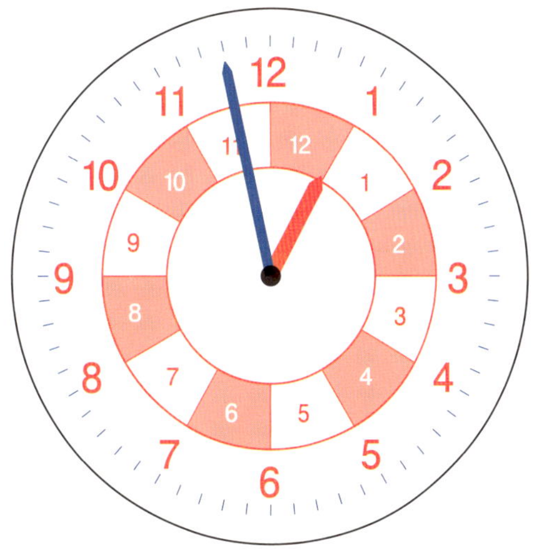

こたえ　(　　)時　(　　)分

時計(とけい)の問題(もんだい) ⑰

「何時(なんじ)　何分(なんぷん)」かな？

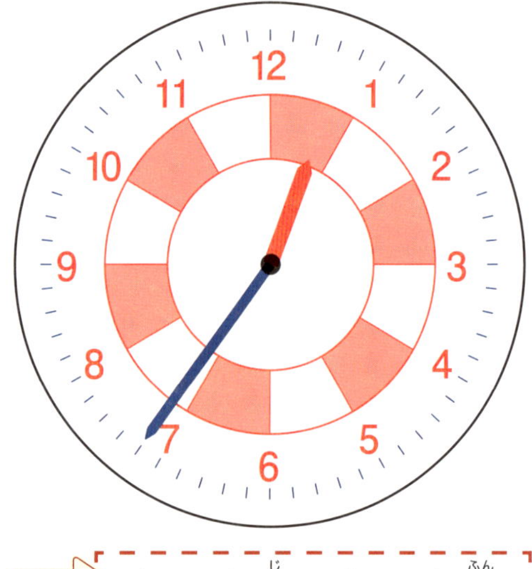

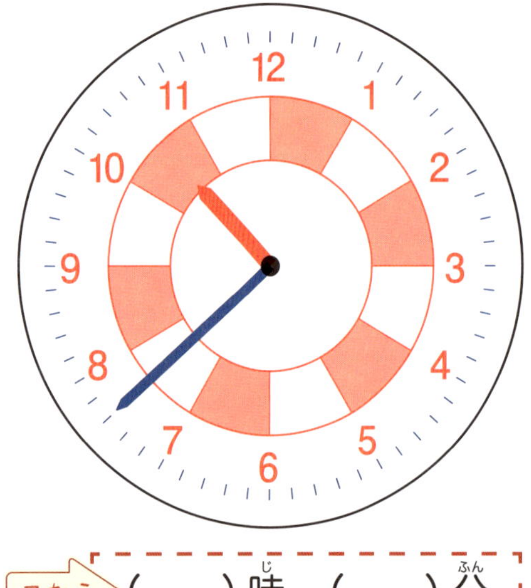

時計(とけい)の問題(もんだい) ⑱

「何時(なんじ)　何分(なんぷん)」かなる？

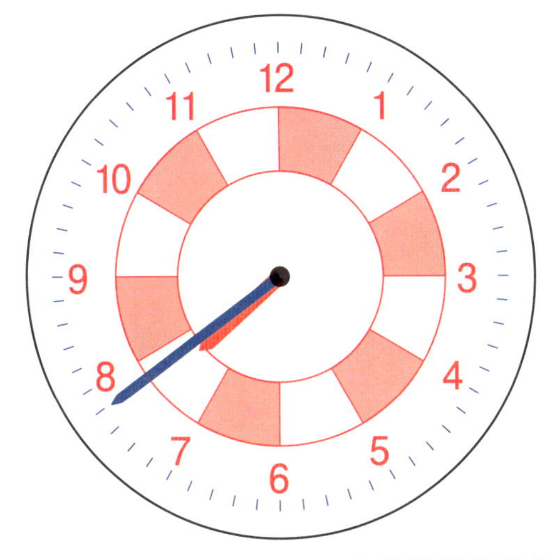

こたえ（　　）時(じ)　（　　）分(ふん)

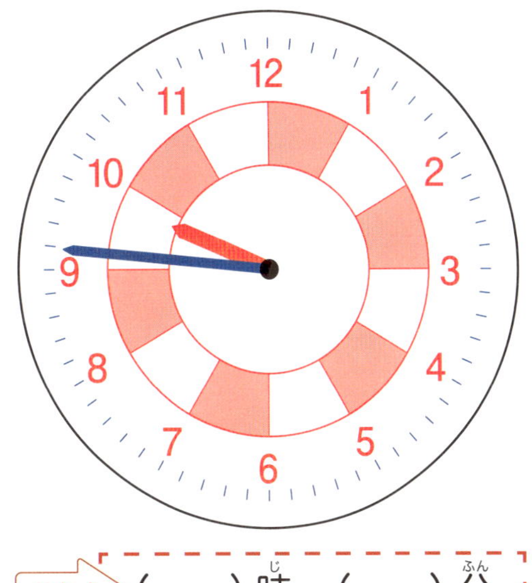

こたえ（　　）時(じ)　（　　）分(ふん)

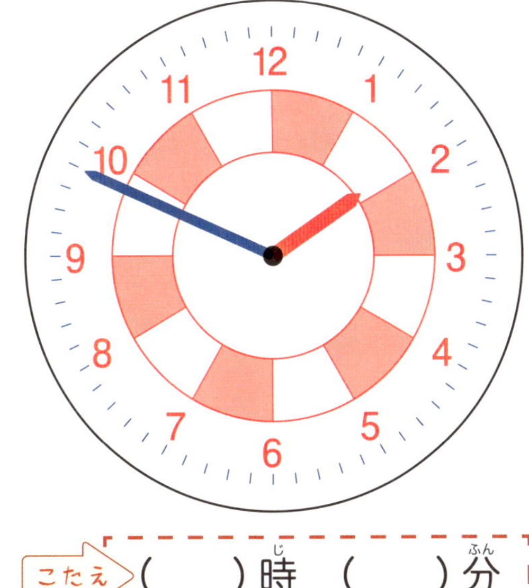

こたえ（　　）時(じ)　（　　）分(ふん)

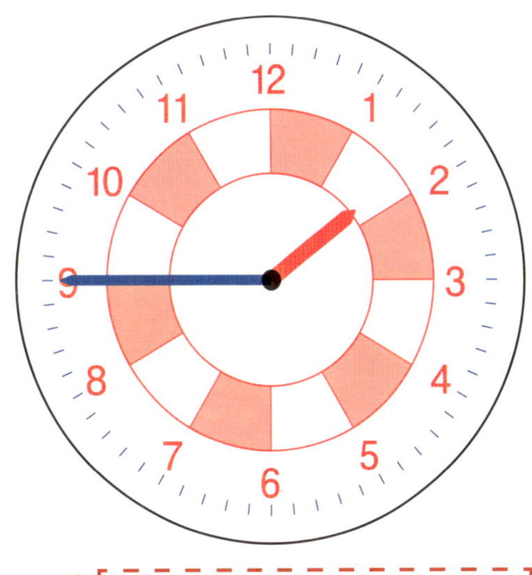

こたえ（　　）時(じ)　（　　）分(ふん)

時計　の　問題　⑲

「何時　何分」　かな？

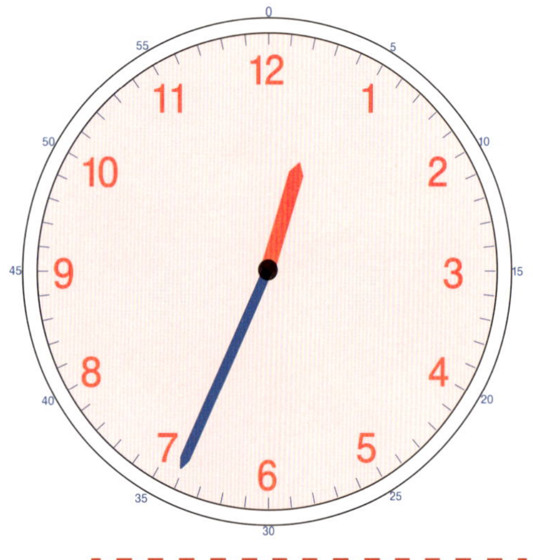

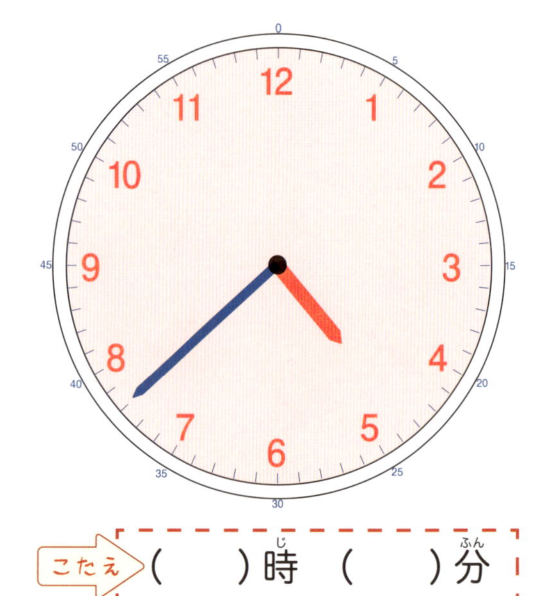

こたえ　(　　)時　(　　)分

こたえ　(　　)時　(　　)分

こたえ　(　　)時　(　　)分

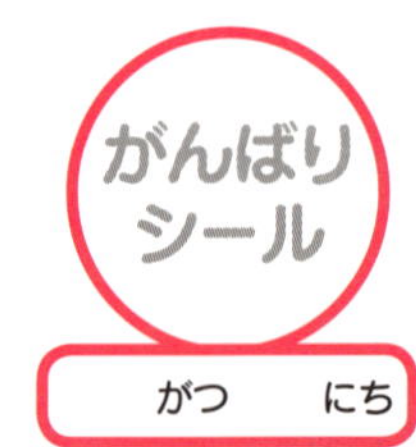

時計（とけい）の問題（もんだい）⑳

「何時（なんじ）　何分（なんふん）」かな？

こたえ（　　）時（じ）（　　）分（ふん）

こたえ（　　）時（じ）（　　）分（ふん）

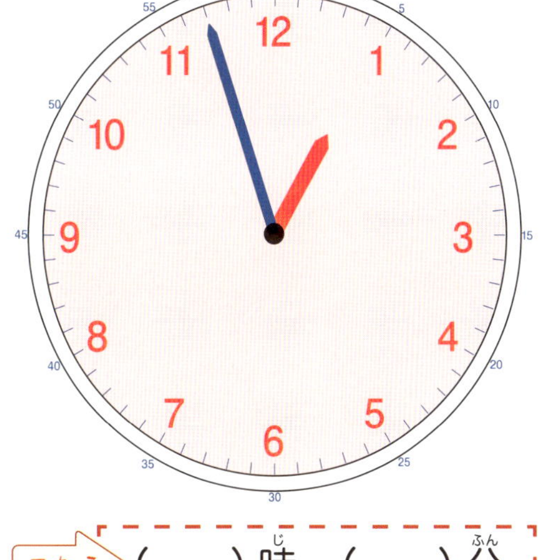

こたえ（　　）時（じ）（　　）分（ふん）

こたえ（　　）時（じ）（　　）分（ふん）

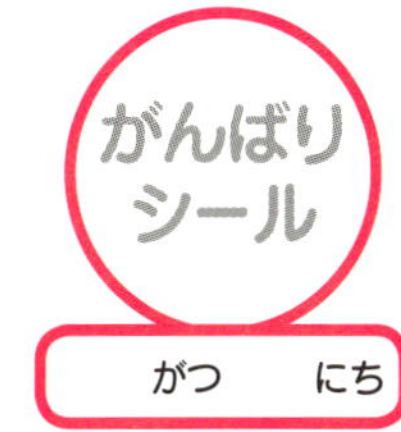

時計（とけい）の問題（もんだい）㉑

「何時（なんじ）　何分（なんぷん）」かな？

こたえ（　　）時（じ）（　　）分（ふん）

こたえ（　　）時（じ）（　　）分（ふん）

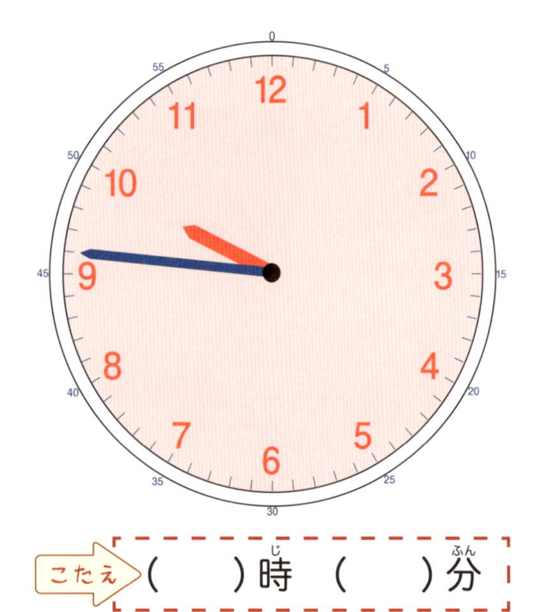

こたえ（　　）時（じ）（　　）分（ふん）

こたえ（　　）時（じ）（　　）分（ふん）

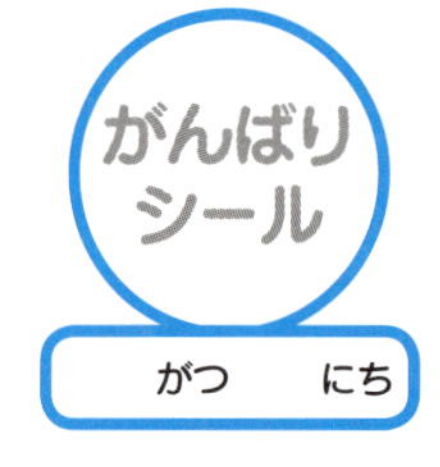

時計の問題 ㉒

「何時　何分」かな？

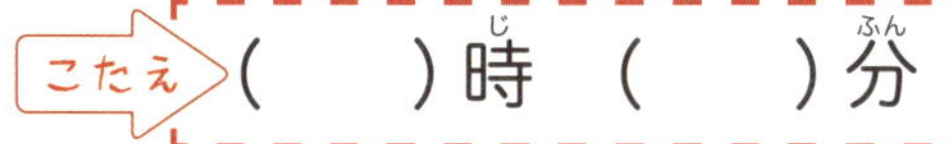

こたえ　(　　)時　(　　)分

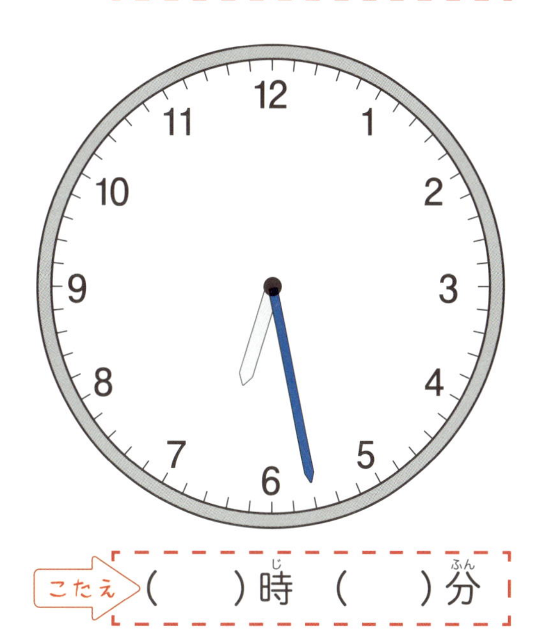

こたえ　(　　)時　(　　)分

こたえ　(　　)時　(　　)分

時計 の 問題 ㉓

「何時　何分」 かな？

こたえ (　　)時　(　　)分

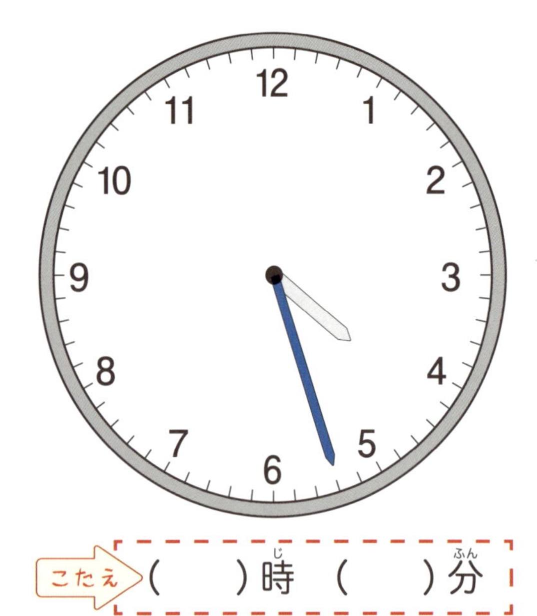

こたえ (　　)時　(　　)分

こたえ (　　)時　(　　)分

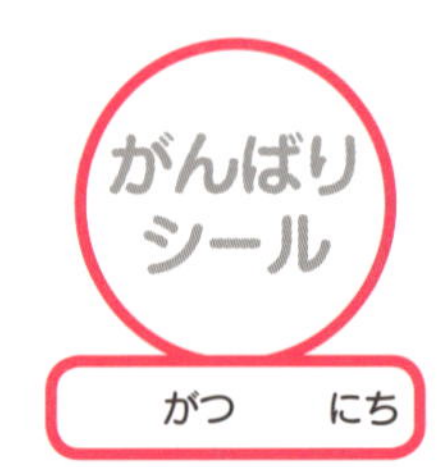

時計の問題 ㉔

「何時　何分」かな？

こたえ（　　）時（　　）分

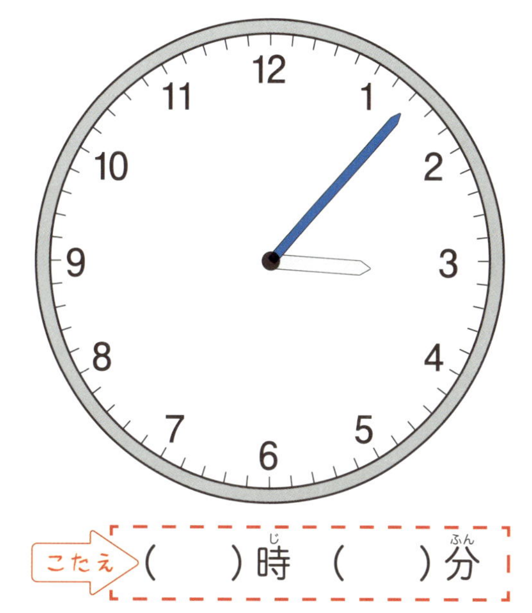

こたえ（　　）時（　　）分

こたえ（　　）時（　　）分

こたえ（　　）時（　　）分

時計 の 問題 ㉕

「何時　何分」 かな？

こたえ　(　　)時　(　　)分

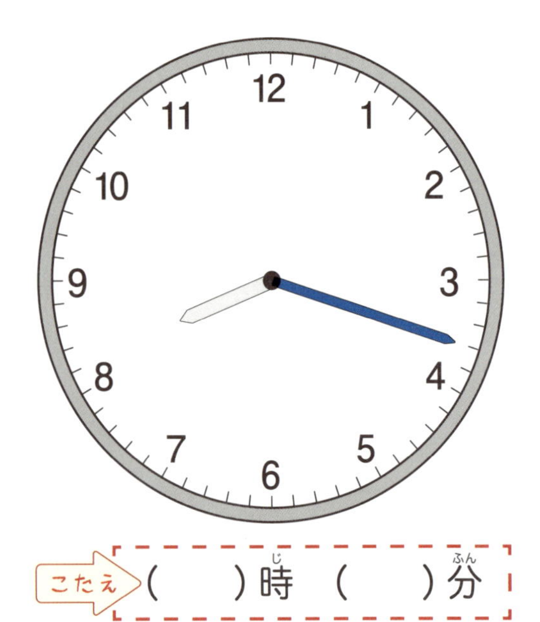

こたえ　(　　)時　(　　)分

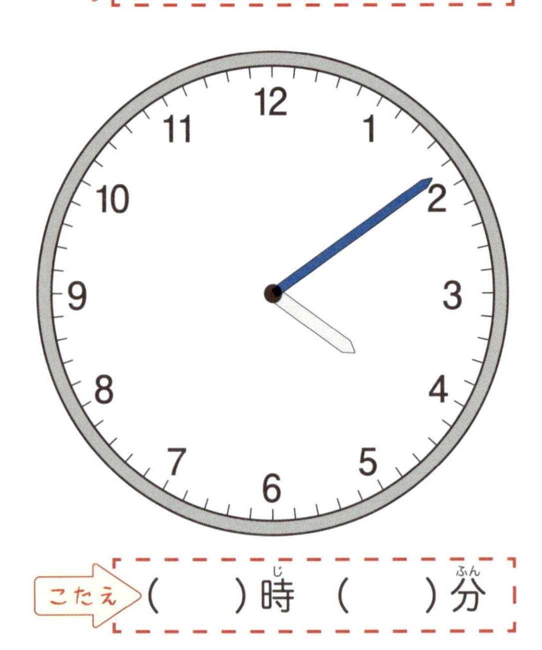

こたえ　(　　)時　(　　)分

時計（とけい）の問題（もんだい）㉖

「何時（なんじ）　何分（なんぷん）」かな？

こたえ（　　）時（じ）　（　　）分（ふん）

こたえ（　　）時（じ）　（　　）分（ふん）

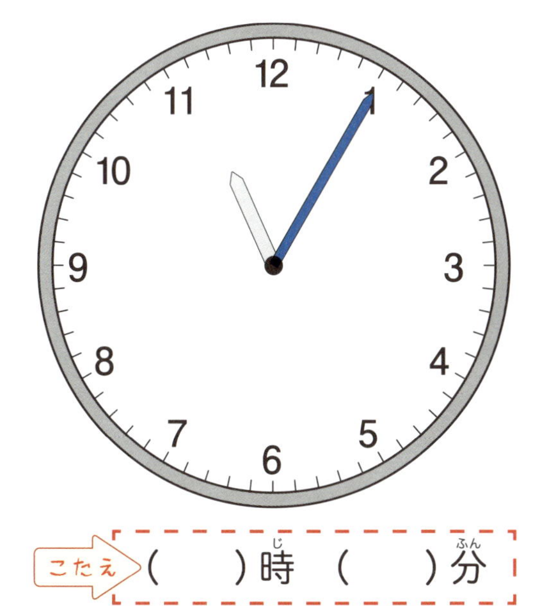

こたえ（　　）時（じ）　（　　）分（ふん）

こたえ（　　）時（じ）　（　　）分（ふん）

時計 の 問題 ㉗

「何時　何分」 かな？

こたえ (　　)時　(　　)分

こたえ (　　)時　(　　)分

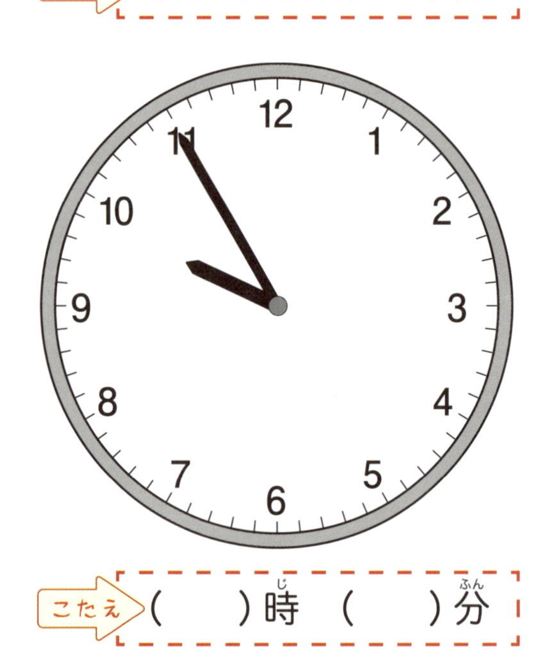

こたえ (　　)時　(　　)分

時計の問題 ㉘

「何時　何分」かな？

こたえ　(　　)時　(　　)分

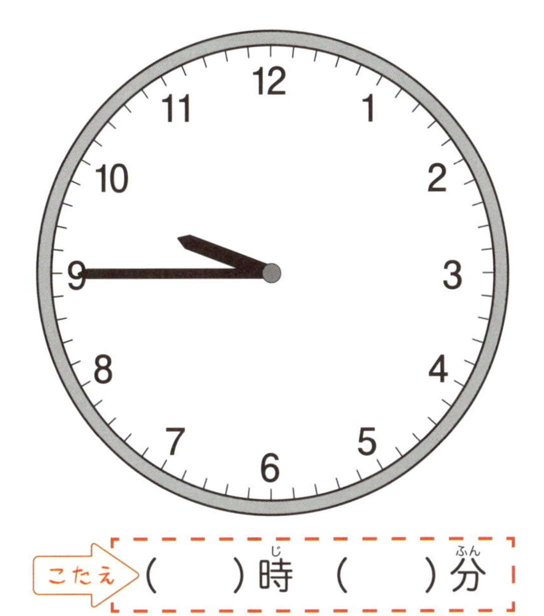

こたえ　(　　)時　(　　)分

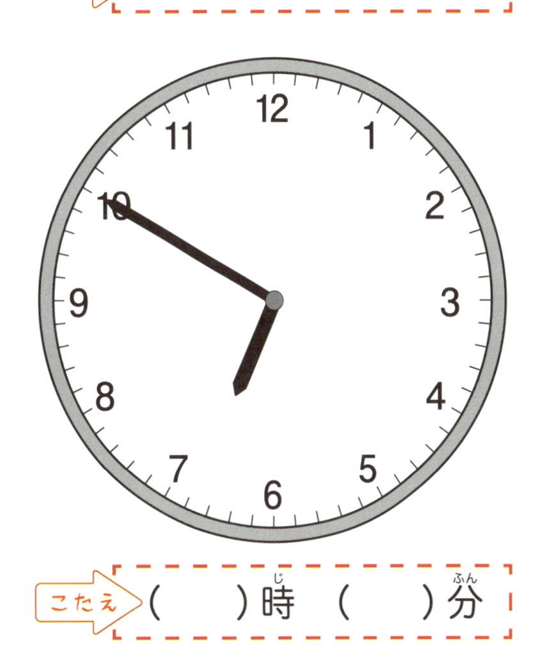

こたえ　(　　)時　(　　)分

時計（とけい）の問題（もんだい）㉙

「何時（なんじ）　何分（なんぷん）」かな？

こたえ（　　）時（じ）（　　）分（ふん）

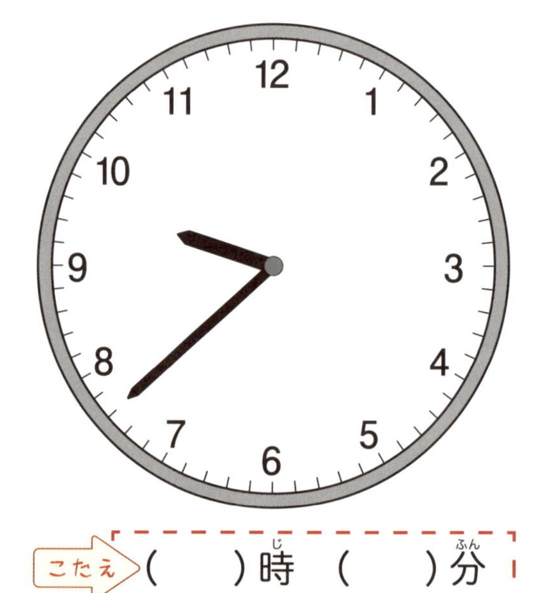

こたえ（　　）時（じ）（　　）分（ふん）

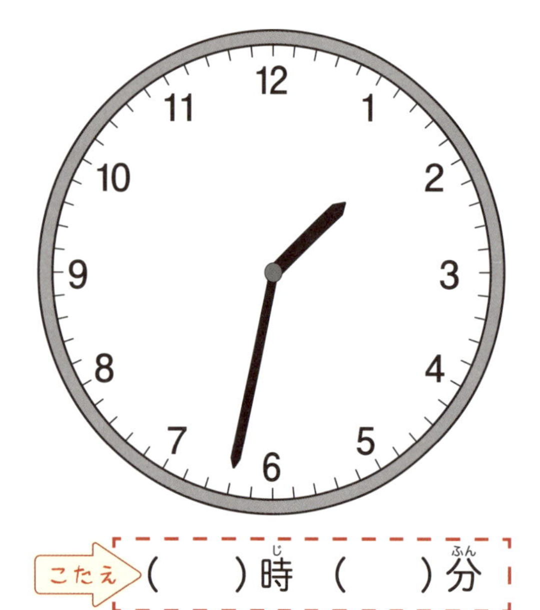

こたえ（　　）時（じ）（　　）分（ふん）

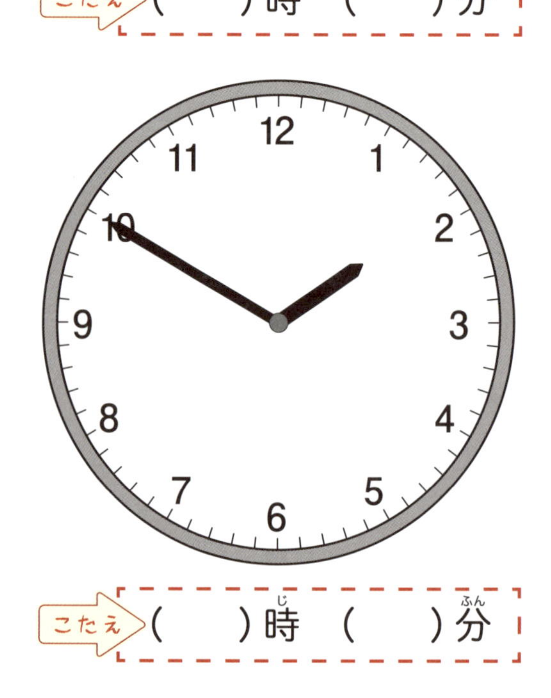

こたえ（　　）時（じ）（　　）分（ふん）

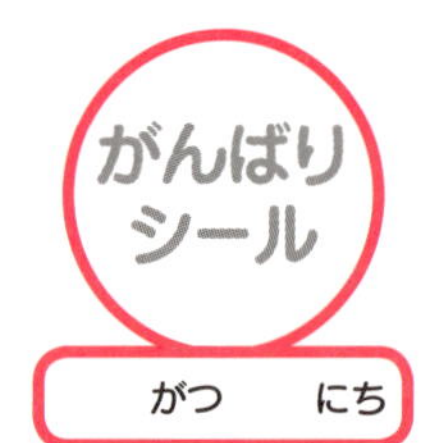

時計（とけい）の 問題（もんだい） ㉚

「何時（なんじ） 何分（なんふん）」 かな？

こたえ ( )時（じ） ( )分（ふん）

こたえ ( )時（じ） ( )分（ふん）

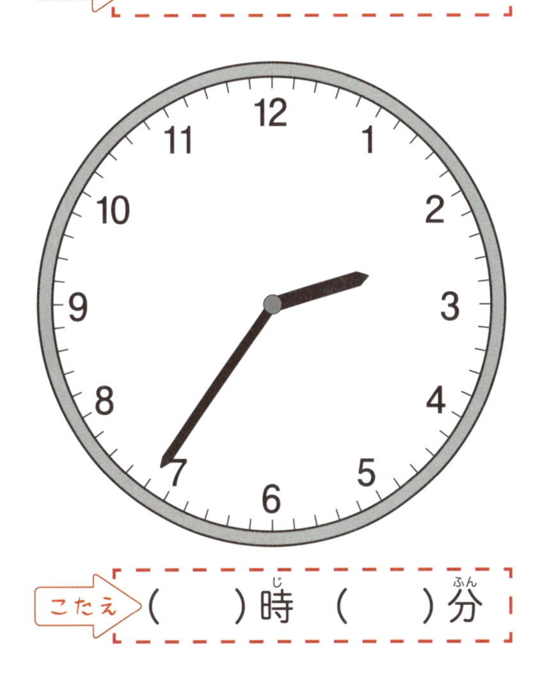

こたえ ( )時（じ） ( )分（ふん）

こたえ ( )時（じ） ( )分（ふん）

時計　の　問題　㉛

「何時　何分」　かな？

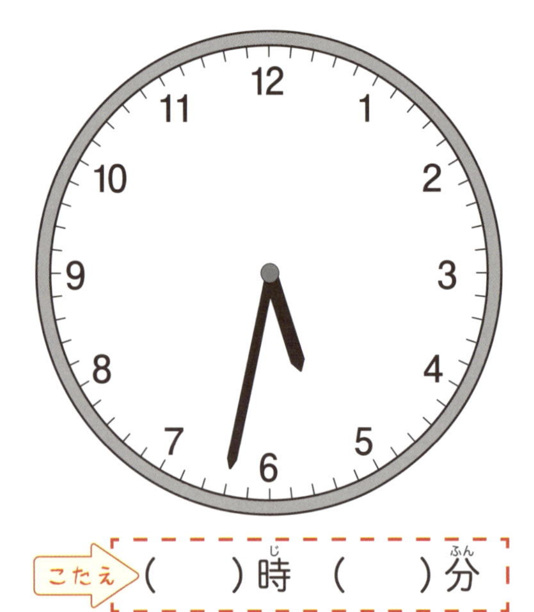

時計の問題 ㉜

「何時　何分」かな？

こたえ　(　　)時　(　　)分

こたえ　(　　)時　(　　)分

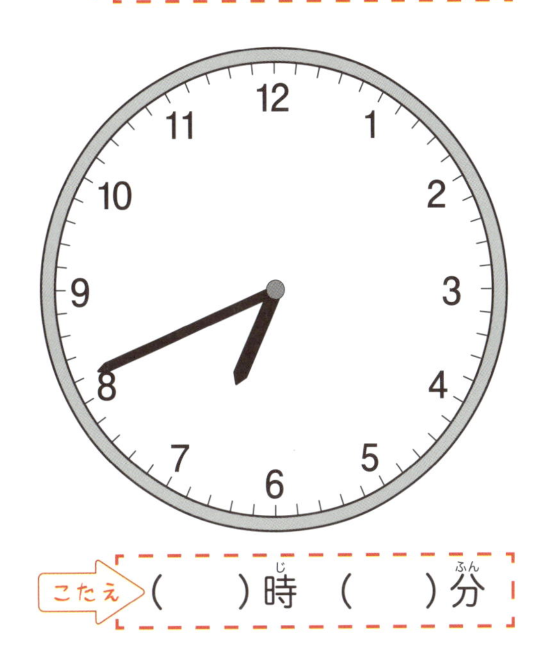

こたえ　(　　)時　(　　)分

がんばり
シール
がつ　にち

時計の問題 ㉝

「何時　何分」かな？

こたえ　(　　)時　(　　)分

こたえ　(　　)時　(　　)分

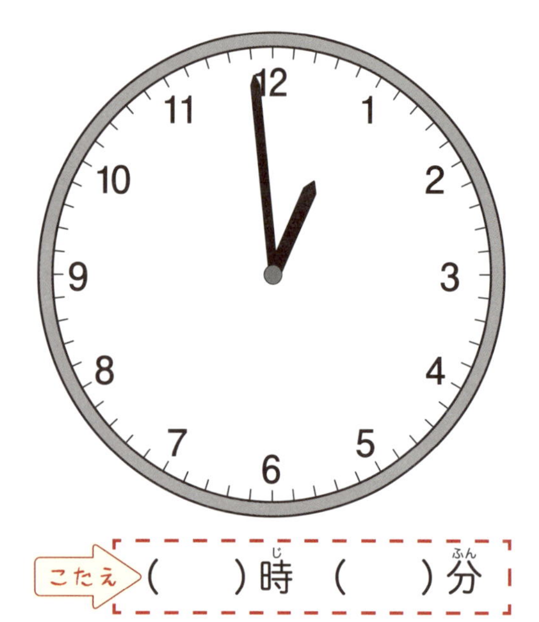

こたえ　(　　)時　(　　)分

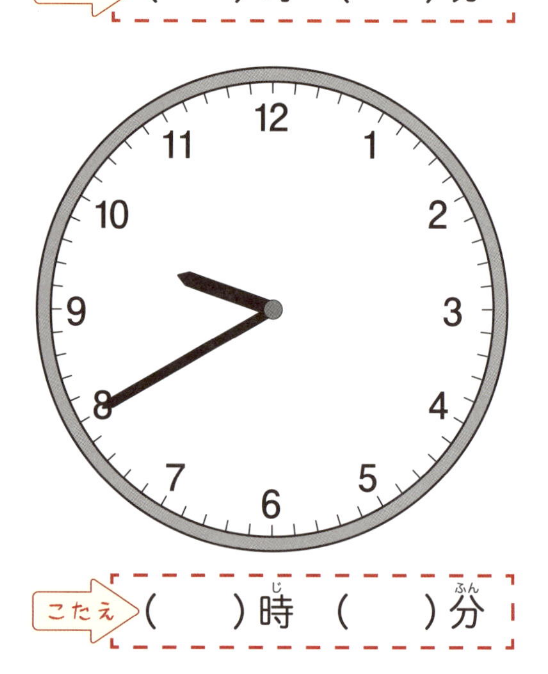

こたえ　(　　)時　(　　)分

時計の問題 ㉞

「何時　何分」かな？

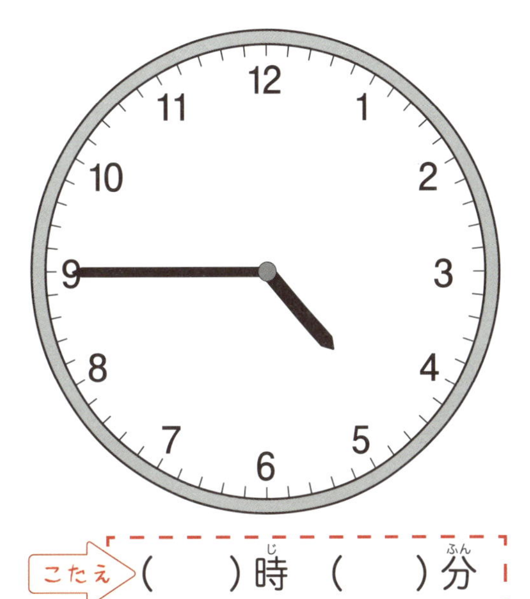

こたえ　(　　)時　(　　)分

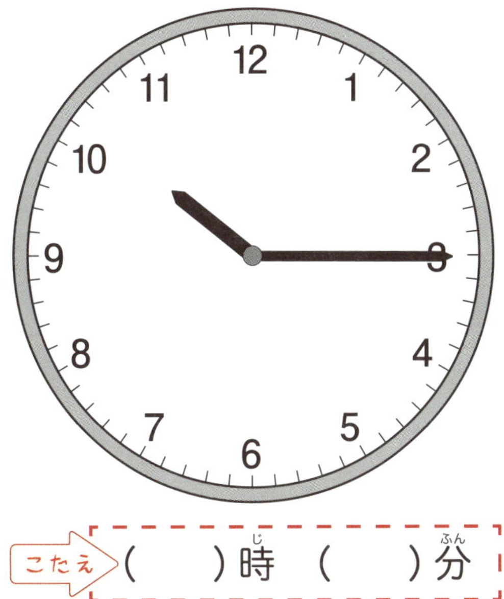

こたえ　(　　)時　(　　)分

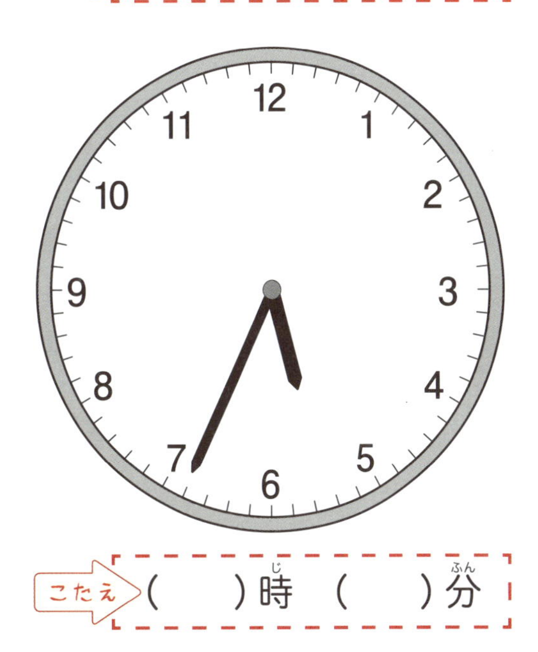

こたえ　(　　)時　(　　)分

時計（とけい）の 問題（もんだい） ㉟

「何時（なんじ） 何分（なんぷん）」 かな？

こたえ （　　）時（じ）（　　）分（ふん）

こたえ （　　）時（じ）（　　）分（ふん）

こたえ （　　）時（じ）（　　）分（ふん）

時計(とけい)の問題(もんだい)㊱

「何時(なんじ)　何分(なんぷん)」かな？

こたえ　(　　)時(じ)　(　　)分(ふん)

こたえ　(　　)時(じ)　(　　)分(ふん)

こたえ　(　　)時(じ)　(　　)分(ふん)

こたえ　(　　)時(じ)　(　　)分(ふん)

がんばりシール
がつ　にち

時計　の　問題　シール

シールを　はる　問題だよ！
ページの　最後にある　シールから　えらぼう。

1．8時　20分　はどれ？

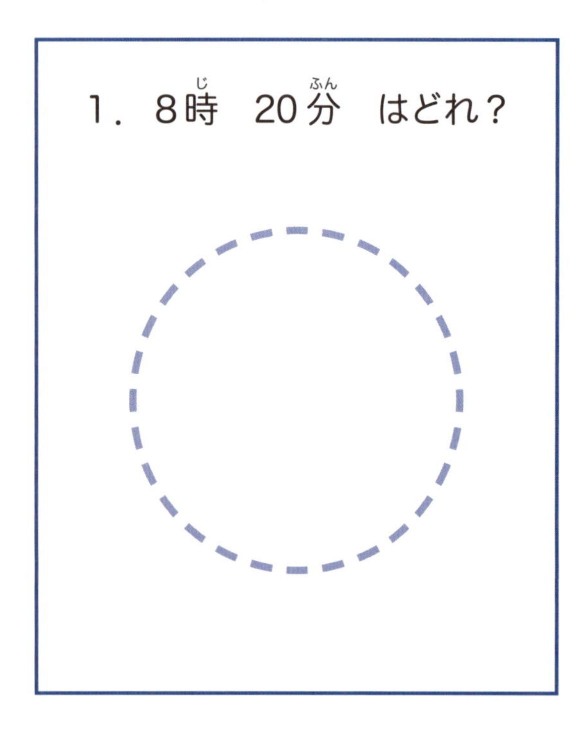

2．5時　7分　はどれ？

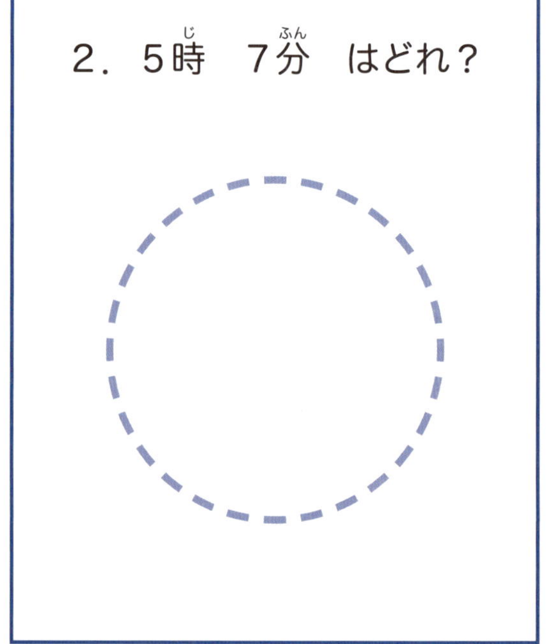

3．12時　56分　はどれ？

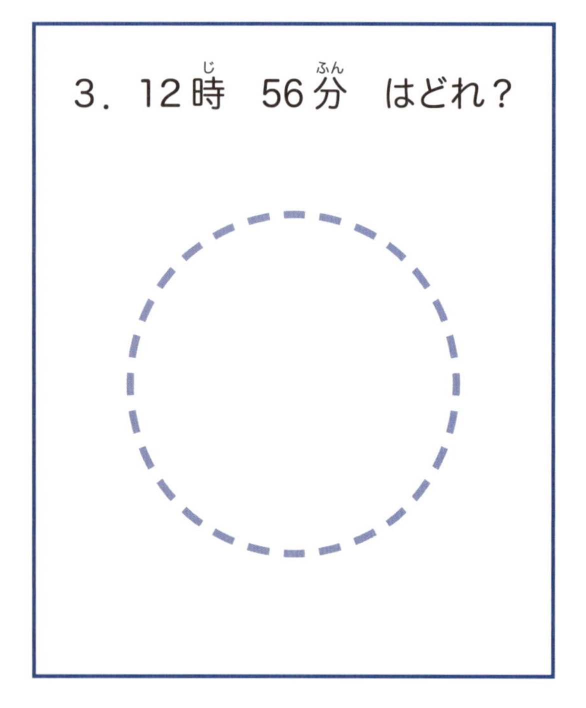

4．10時　45分　はどれ？

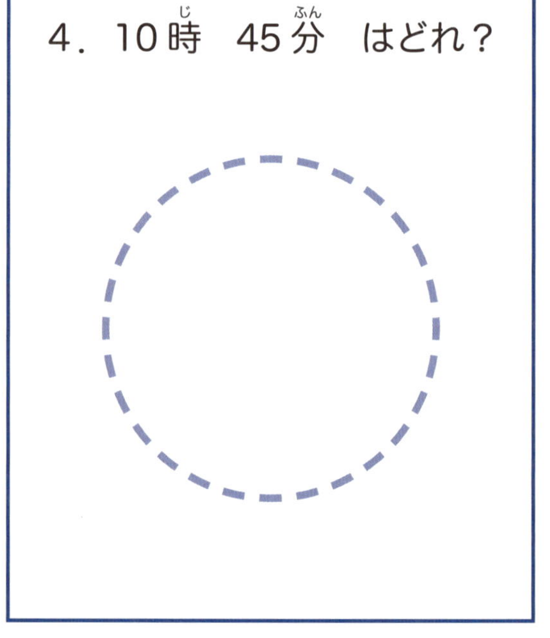

きみへのごほうび

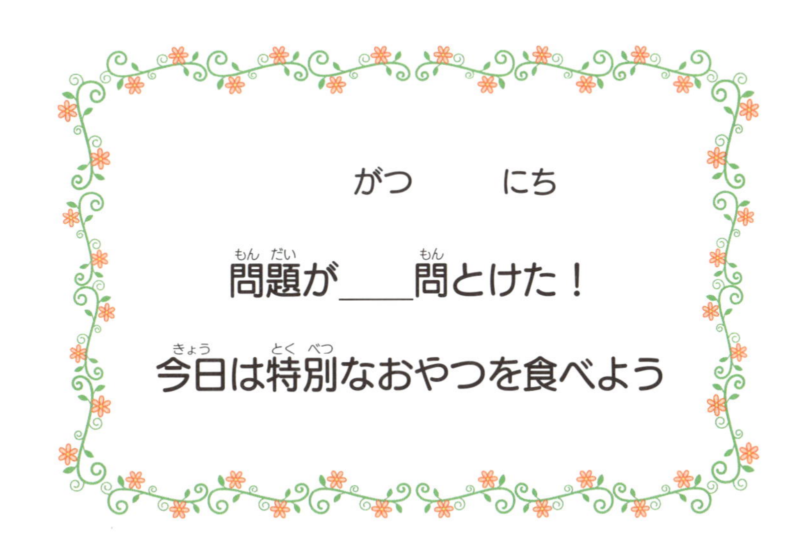

がつ　　にち

問題が＿＿問とけた！

今日は特別なおやつを食べよう

大人の方へ

このワークでは、できるだけ子どもをほめる機会を多くし、自信につなげてほしいと願っています。

問題がとけた数、続けたことを振り返り、できたらごほうびを用意してみてください。

子どもの年齢や好みにあわせて、自由にアレンジしてみましょう。

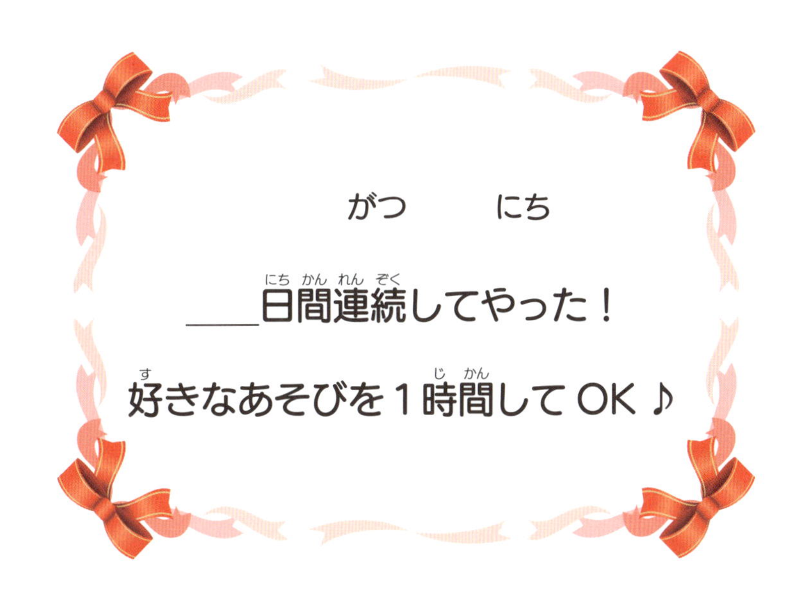

がつ　　にち

＿＿日間連続してやった！

好きなあそびを１時間して OK ♪

がつ　　にち

全部おわった！

＿＿＿＿＿＿にいこう！

つくってみよう！

スモールステップ 時計(とけい)キット

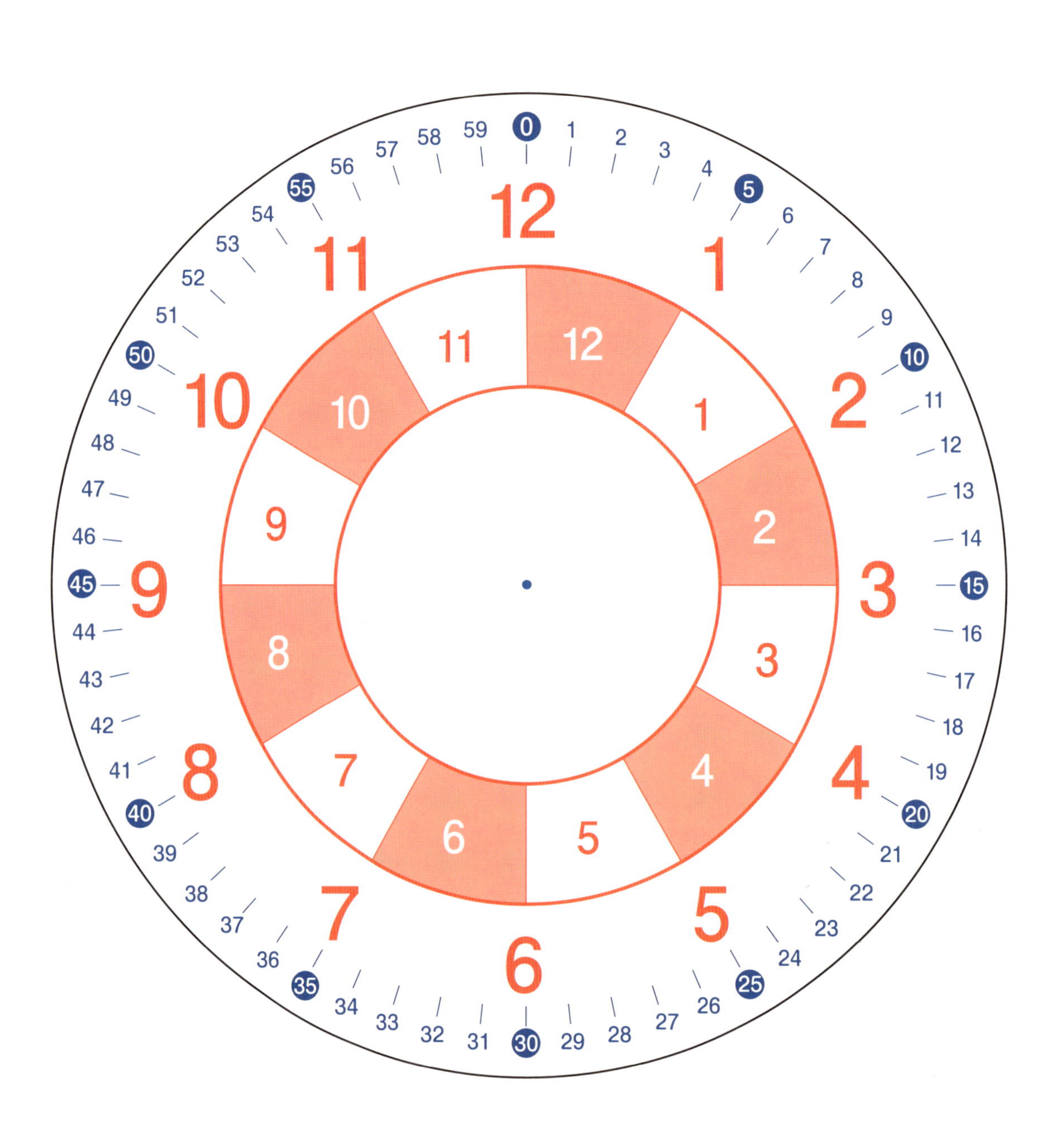

①左の時計を、いつも使っている時計の大きさにあわせてカラーコピーしよう。（算数セットの時計でもいいね！）

②カバーと時計の針を外そう。

③コピーして切った紙をはめてできあがり！

■著者紹介

佐藤義竹（さとう・よしたけ）

筑波大学附属大塚特別支援学校支援部教諭。
福島大学教育学部卒業後、筑波大学大学院修士課程修了。
福島県立特別支援学校に5年間勤務の後、筑波大学附属大塚特別支援学校中学部担任を経て、地域支援部に所属。
この時計ワークは、教員1年目の時に作成したもの。

■イラスト

たきれい

兵庫県姫路市在住。自身の3人の子育てをきっかけに、保護者や先生が使える動作の絵カードや性の絵本などをホームページで公開中。
著書に『くもんくんの連絡帳』KADOKAWA（2017）がある。
https://okomemories.jimdo.com

■組版　GALLAP
■装幀　百足屋ユウコ（ムシカゴグラフィクス）

1日1歩
スモールステップ時計ワークシート

2019年6月20日　第1刷発行

著　者　佐藤義竹
発行者　上野良治
発行所　合同出版株式会社
東京都千代田区神田神保町1-44
郵便番号　101-0051
電話 03（3294）3506 ／ FAX 03（3294）3509
振替 00180-9-65422
ホームページ http://www.godo-shuppan.co.jp/
印刷・製本　株式会社シナノ

■刊行図書リストを無料進呈いたします。
■落丁・乱丁の際はお取り換えいたします。

ISBN 978-4-7726-1391-0　NDC 370　257 × 182